U0159705

红外与可见光图像融合系统评价

张俊举 李英杰 张 磊 编著

西安电子科技大学出版社

内 容 简 介

本书系统地介绍了红外与可见光图像融合系统的评价方法和融合中的噪声仿真技术。全书共 9 章,主要内容包括图像融合技术及其融合质量评价方法发展概况、红外与可见光图像融合系统设计原理、红外与可见光图像融合系统目标探测概率定量计算方法、用于增强目标及视觉对比度的彩色图像融合方法、基于人眼视觉系统的彩色融合图像目标探测性客观评价方法、符合人眼视觉感知的基于场景理解的彩色融合图像客观评价方法以及红外与微光成像的各种噪声理论和系统模拟测试方法。

本书可作为红外系统、红外与可见光融合系统设计与开发、图像处理、图像融合、图像配准等专业的科技工作者的参考书,也可供国防院校的研究生参考。

图书在版编目(CIP)数据

红外与可见光图像融合系统评价/张俊举,李英杰,张磊编著. --西安:西安电子科技大学出版社,2024.3
ISBN 978 - 7 - 5606 - 6991 - 5

Ⅰ. ①红…　Ⅱ. ①张… ②李… ③张…　Ⅲ. ①图像处理—系统评价　Ⅳ. ①TP391.413

中国国家版本馆 CIP 数据核字(2024)第 028122 号

策　　划	吴祯娥	
责任编辑	宁晓蓉	
出版发行	西安电子科技大学出版社(西安市太白南路 2 号)	
电　　话	(029)88202421　88201467	邮　编　710071
网　　址	www.xduph.com	电子邮箱　xdupfxb001@163.com
经　　销	新华书店	
印刷单位	陕西精工印务有限公司	
版　　次	2024 年 3 月第 1 版　2024 年 3 月第 1 次印刷	
开　　本	787 毫米×1092 毫米　1/16　印张　10　彩插　2	
字　　数	231 千字	
定　　价	49.00 元	

ISBN 978 - 7 - 5606 - 6991 - 5/TP

XDUP 7293001 - 1

＊＊＊如有印装问题可调换＊＊＊

前　言

图像融合是将多个传感器获取的同一区域的图像经过一定的处理合成一幅图像的过程。通过融合技术可以弥补单一传感器的局限性。在红外与可见光图像融合中，红外图像反映场景内的热辐射信息，不受周围环境影响，但纹理信息少；可见光图像反映场景内的反射信息，细节丰富，但易受环境干扰。二者的融合可提供更全面的信息。客观评价图像融合的性能成为图像融合领域的重要研究内容。目前已有的评价指标较多，但仍缺少统一的评价标准。

笔者所在课题组从 2002 年开始进行红外与可见光图像处理和融合系统的相关技术研究，先后研制出了红外与可见光图像实时融合系统、前端光学成像系统、红外与可见光图像实时融合系统，同时也开展了与图像融合相关的各种算法研究。笔者主持的项目"微光电视、CCD 与热像仪图像融合技术与系统研究"获中国兵器工业集团公司科学技术进步奖二等奖和国防科学技术进步奖二等奖，主持的项目"红外、微光/可见光图像融合的信息感知系统"获江苏军民结合科技创新奖一等奖。

本书首先介绍了课题组研制的红外与可见光图像融合系统，然后介绍了笔者所在课题组在彩色融合算法、彩色融合图像客观评价以及融合系统的噪声评价等方面所做的工作。

全书共分 9 章，各章的具体安排如下：

第 1 章为绪论，重点介绍了红外与可见光图像融合的意义，介绍了红外与可见光图像融合的发展概况、红外与可见光图像融合系统评价及融合算法评价的发展现状。

第 2 章为红外与可见光图像融合系统的设计，重点介绍了红外与可见光图像融合系统设计原理，主要包括前端光学系统设计、图像处理器设计和控制系统设计。

第 3 章为红外与可见光图像融合系统的探测概率，介绍了目标探测概率定量计算方法；同时，将研制的系统应用在两个实际的探测任务中，对设计的主观实验结果与计算结果进行了相似性比较。

第 4 章为增强目标及视觉对比度的彩色图像融合，介绍了在 YUV 空间下，利用 Retinex 理论以及基于对比度敏感函数的增益函数，对背景部分的 Y 分量进行对比度增强；通过对目标部分赋予显著的色彩，达到了目标增强的目的；最后，利用三组图像验证了该算法的有效性。

第 5 章为基于视觉特性的彩色融合图像目标探测性客观评价，提出了基于人眼视觉特性的评价方法，该评价方法被用在三组不同的图像中以验证其有效性。

第 6 章为基于场景理解的彩色融合图像客观评价，提出了符合人眼视觉感知的评价方法，通过采用这种评价方法，结合第 5 章目标探测性客观评价方法，客观地对第 4 章提出的彩色融合算法进行了评价。

第 7 章为红外与微光融合系统噪声理论，包括典型的噪声模型、将噪声抽象为符合不同分布的随机数模型，可为后续的 FPGA 实现提供便利。

第 8 章为多传感器融合板噪声特性评价系统，设计了整个测试系统的软硬件结构，主要包括融合电路板噪声性能评估系统的整体框架及组成模块、系统硬件架构及实物图展示、基于 FPGA 的各种随机分布噪声的实现方法。

第 9 章为融合图像噪声特性对比测试，通过设计的噪声评价软件，仿真了不同类型噪声叠加实验，对融合算法的改进起到了一定的启发作用。

本书第 2、7、8、9 章由南京理工大学张俊举编著，其余各章由南京理工大学李英杰和中国人民解放军 63963 部队高级工程师张磊共同完成，张俊举负责全书的统编工作。特别感谢袁轶慧博士和何叶硕士，他们在红外与可见光图像融合和噪声评价方面的出色成绩丰富了本书的内容。文中还参考和引用了一些文献的观点和素材，在此一并向文献的作者表示衷心的感谢。

由于编者水平有限，书中疏漏和不当之处在所难免，欢迎广大读者批评指正。

编　者

2023 年 2 月

目 录
CONTENTS

第1章 绪论 ··· 1

1.1 图像融合技术概述 ·· 1

1.2 红外与可见光图像融合的研究现状 ·· 2

 1.2.1 红外与可见光图像的融合方法 ·· 3

 1.2.2 红外与可见光融合图像的质量评价 ··· 5

1.3 红外与可见光图像融合系统噪声评价研究现状 ································· 6

本章参考文献 ··· 7

第2章 红外与可见光图像融合系统的设计 ·· 13

2.1 红外与可见光图像融合系统的结构及工作原理 ······························· 13

2.2 前端光学系统的设计 ·· 14

 2.2.1 平行光轴光学系统的设计 ··· 15

 2.2.2 光楔的光轴平移原理 ··· 16

 2.2.3 前端探测器的选择及光学组成 ··· 17

2.3 图像处理器的设计 ··· 18

 2.3.1 图像处理器的硬件设计 ·· 18

 2.3.2 图像处理器的软件设计 ·· 19

2.4 控制系统的设计 ·· 20

本章参考文献 ··· 21

第3章 红外与可见光图像融合系统的探测概率 ··· 22

3.1 概述 ··· 22

3.2 红外与可见光图像融合系统目标探测概率客观计算方法 ··················· 23

 3.2.1 目标的光谱对比度指标 ·· 24

 3.2.2 单一探测器的目标探测性能 ·· 26

 3.2.3 融合系统目标探测概率计算 ·· 28

3.3 目标探测概率实验与分析 ·· 32

 3.3.1 夜间满月实验 ·· 33

 3.3.2 星光夜间实验 ·· 39

 3.3.3 结果分析与讨论 ··· 44

本章参考文献 ··· 45

第4章 增强目标及视觉对比度的彩色图像融合 ··· 46

4.1 彩色融合算法概述 ··· 46

4.2 YUV 空间的色彩传递 ·· 47

4.3 增强目标及视觉对比度的彩色融合算法 ··· 48

 4.3.1 基于二次聚类的目标提取算法 ··· 49

 4.3.2 基于视觉特性的对比度增强算法 ·· 53

　　　4.3.3　目标增强 ·· 58

　4.4　实验结果与分析 ·· 60

　　　4.4.1　场景一实验 ·· 60

　　　4.4.2　场景二实验 ·· 63

　　　4.4.3　场景三实验 ·· 64

　　　4.4.4　参考图像与目标颜色的选取 ·················· 66

　本章参考文献 ·· 68

第5章　基于视觉特性的彩色融合图像目标探测性客观评价 ····· 69

　5.1　概述 ·· 69

　5.2　颜色视觉理论及CIELAB颜色空间 ······················ 69

　　　5.2.1　颜色视觉理论 ·· 69

　　　5.2.2　CIELAB颜色空间 ·· 70

　5.3　基于视觉特性的彩色融合图像目标探测性客观评价方法 ·· 72

　　　5.3.1　基本思路 ·· 72

　　　5.3.2　目标区域与背景区域的分割 ······················ 73

　　　5.3.3　基于人眼视觉系统的目标探测性客观评价指标 ·· 74

　5.4　实验结果与分析 ·· 77

　　　5.4.1　场景一实验 ·· 77

　　　5.4.2　场景二实验 ·· 79

　　　5.4.3　场景三实验 ·· 81

　　　5.4.4　主观验证实验 ·· 83

　本章参考文献 ·· 84

第6章　基于场景理解的彩色融合图像客观评价 ··················· 86

　6.1　概述 ·· 86

　6.2　基于场景理解的彩色融合图像客观评价方法 ··········· 87

　　　6.2.1　评价指标的选取 ··· 87

　　　6.2.2　图像清晰度指标 ··· 88

　　　6.2.3　图像对比度指标 ··· 89

　　　6.2.4　图像的色彩彩色性指标 ·································· 92

　　　6.2.5　图像的色彩自然性指标 ·································· 93

　6.3　基于场景理解的客观评价与分析 ·························· 95

　　　6.3.1　场景一实验 ·· 95

　　　6.3.2　场景二实验 ·· 97

　　　6.3.3　场景三实验 ·· 98

　　　6.3.4　CCM与Hasler方法比较 ······························ 99

　　　6.3.5　彩色融合图像客观评价结果分析 ················· 100

　6.4　彩色融合算法的客观评价 ···································· 102

　本章参考文献 ·· 104

第7章　红外与可见光融合系统噪声理论 ··························· 105

　7.1　红外与微光的噪声特性分析 ································· 105

　7.2　典型噪声的数学建模 ··· 108

　　　7.2.1　热噪声 ·· 108

　　　7.2.2　光子噪声 ·· 109

    7.2.3 非均匀性噪声 ·· 110

  7.3 均匀分布伪随机序列的生成方法 ····························· 113

    7.3.1 线性同余法 ··· 113

    7.3.2 线性反馈移位寄存器法 ································· 115

    7.3.3 改进型求余移位法 ······································ 116

  7.4 均匀分布与其他分布的转换 ··································· 117

    7.4.1 均匀分布到高斯分布 ··································· 118

    7.4.2 均匀分布到泊松分布 ··································· 119

  7.5 系统自身附加噪声的干扰分析 ······························ 120

  本章参考文献 ··· 120

第 8 章 多传感器融合板噪声特性评价系统 ················· 122

  8.1 系统概述 ··· 122

  8.2 系统硬件结构 ··· 124

  8.3 系统软件结构 ··· 125

    8.3.1 FPGA 程序设计方案 ··································· 125

    8.3.2 评价软件设计方案 ······································ 127

  8.4 测试系统 FPGA 设计 ·· 127

    8.4.1 几种噪声的 FPGA 实现 ······························· 127

    8.4.2 噪声叠加模块 ··· 132

    8.4.3 USB3.0 高速通信模块 ································· 132

    8.4.4 视频输出模块 ··· 135

  本章参考文献 ··· 136

第 9 章 融合图像噪声特性对比测试 ··························· 137

  9.1 图像指标计算软件设计 ··· 137

  9.2 热噪声仿真结果 ·· 138

    9.2.1 单通道叠加噪声实验 ··································· 138

    9.2.2 双通道叠加噪声实验 ··································· 139

  9.3 光子噪声仿真结果 ··· 140

    9.3.1 单通道叠加噪声实验 ··································· 141

    9.3.2 双通道叠加噪声实验 ··································· 142

  9.4 非均匀性噪声仿真结果 ··· 142

    9.4.1 单通道叠加噪声实验 ··································· 143

    9.4.2 双通道叠加噪声实验 ··································· 143

  9.5 混合噪声仿真结果 ··· 145

    9.5.1 单通道叠加噪声实验 ··································· 145

    9.5.2 双通道叠加噪声实验 ··································· 146

  9.6 实验结果与分析 ·· 147

  本章参考文献 ··· 152

第 1 章 绪 论

1.1 图像融合技术概述

图像融合是将 2 个或者 2 个以上的传感器在同一时间(或不同时间)获取的关于某个具体场景的图像或者图像序列信息加以综合,生成一个新的有关此场景的解释,而这个解释是从单一传感器获取的信息中无法得到的。得到的融合图像的信息比源图像更加丰富,对目标的表征也更加正确,从而有利于后续的图像处理和识别[1-4]。

图像融合技术在军事[5]、安全监控[6]、医学[7]、遥感[8]等多个领域受到越来越多的重视。特别是红外与可见光融合技术在军事、安全监控等领域的用途最为广泛,因此国内外融合技术的研究重点主要放在红外与可见光图像上。可见光图像是反射图像,在合适的照度下有较高的分辨率,能够很好地反映场景的细节。但是,照度较低时的可见光图像(即微光图像)对比度差,灰度级有限,瞬间动态范围差,高增益时有闪烁。红外图像是辐射图像,它的图像对比度好,动态范围大,具有穿透烟尘能力强、可识别伪目标、可昼夜工作等优点,但是图像灰度由目标与背景的温差决定,对场景的亮度变换不敏感,不能反映真实的场景[9]。所以,单独使用可见光或者红外图像均存在不足之处,而对这两者采用图像融合技术,可以弥补其各自的缺点,具有作用距离远、分辨力高的优势。融合图像能够增强场景理解、突出目标,有利于提高目标探测能力[10]。

红外与可见光图像融合技术的开发在很大程度上是为了满足现代军用夜视技术的发展。美国在夜视技术方面具有强大的优势。近年来,美军尝试通过微光和多波段红外图像融合方法来保证其夜视技术的领先。美军新一代增强型夜视镜(Enhanced Night Vision Goggle,ENVG)可以将来自红外与可见光传感器的图像数据进行融合[11]。2004 年,美军授予 ITT 公司生产光学融合型的 ENVG[12]。2007 年,ITT 公司研制的 ENVG AN/PSQ-20[13]通过了陆军作战实验。该夜视镜由像增强器和微测辐射热计构成小型单目夜视镜,通过光学方法将微光与红外图像融合,如图 1.1 所示。它可手持使用,也可安装在头盔上。该夜视镜于 2008 年 4 月完成了第一批次的陆军装备;2008 年 6 月和 2009 年 4 月分别完成了第二和第三批次的陆军装备。

(a) 增强型夜视镜

(b) 彩色融合效果

图 1.1　ENVG AN/PSQ-20 及其处理效果

　　红外与可见光图像融合技术在安全监控、安全搜救领域也有着广阔的应用前景。英国 Octec 公司和 Waterfall Solution 公司联合开发了用于警用直升机的图像融合系统[14-16]，该系统可将红外与彩色可见光视频图像融合，其输出图像具有近似于可见光图像的自然彩色效果。2003 年，美国 CANVS 公司为美国特种作战司令部研制出彩色夜视眼镜[17]，可用于特种作战、执法机构、急救单位以及搜索与救援部门。佩戴这种眼镜可发现 400 m 外的目标，而且，即使在光线很弱的情况下，也能辨别出血液，因此在搜索与救援应用领域有很大作用。

1.2 红外与可见光图像融合的研究现状

　　根据信息表征层次的不同，图像融合的处理方式通常可以分为三个级别：像素级、特征级和决策级[18-20]。像素级图像融合[21]主要针对初始图像数据进行，其主要目的是图像增强、图像分割和图像分类，能够提供比其他融合层次更丰富和可靠的信息，目前大部分研究都集中在该层次上。特征级图像融合是指从各个传感器图像中提取特征信息（典型的特征包括边缘、形状、轮廓、角、纹理等），并进行综合分析和处理。特征级融合的优点在于实现了可观的信息压缩，便于实时处理。目前主要的特征级图像融合方法有聚类分析方法[22]、证据理论法、信息熵方法等。决策级图像融合是最高层次的图像融合，在这一层次的融合过程中，每个传感器先分别建立对同一目标的初步判决，然后对来自各传感器的决策进行融合处理，从而获得最终的联合判决，其融合结果直接为指挥控制决策提供依据。目前常用的决策级图像融合方法主要有贝叶斯估计法、模糊聚类法及专家系统等。

　　在以上三个层次的融合中，像素级融合由于其直接作用于图像像素，观察者可以得到更快捷、直观、全面的认识，是应用最广泛的融合技术。本书的研究工作主要讨论的是像素级图像融合。

1.2.1 红外与可见光图像的融合方法

红外与可见光图像融合按输出结果的色彩可分为灰度图像融合和彩色图像融合。

1. 灰度图像融合

红外热像仪输出的图像为灰度图像,可见光摄像仪输出的图像通常也为灰度图像,因此,红外与可见光下的图像融合通常为灰度图像融合。

1)像素平均法和像素加权平均法

像素平均法就是直接对源图像的像素点进行算术平均[1],这是最简单的图像融合方法。像素平均法速度快,便于实时实现,但是融合图像对比度低。

像素加权平均法是对源图像的像素点进行加权求和。权值的选取是像素加权平均法的关键问题。主分量分析(PCA)是一种常用的选取"最优"权值的方法。PCA 加权平均法[23]首先求取源图像协方差矩阵的特征向量,然后挑选出最大特征值对应的特征向量作为各源图像对应的权值。

2)多分辨率图像融合方法

多分辨率图像融合方法[24]是目前最常用的融合方法之一,也是当前研究的热点。这类方法的研究思路主要是:选取合适的图像多分辨率分解与重构方法;设计高、低频系数的融合规则;对融合后的多分辨率图像进行逆变换得到融合图像。下面介绍最典型的几种多分辨率图像融合方法。

(1)金字塔变换融合方法。

金字塔变换融合方法是现在较为常用的图像融合方法。一般的图像金字塔是一个图像序列,其中的每个图像由低通滤波和它的前驱二次抽样样本构成。源图像通过不断滤波,形成一个塔状结构,在塔的每一层都依据某种规则对这一层的数据进行融合,从而得到一个合成的塔式结构,然后对合成的塔式结构进行重构,得到融合图像。按照塔式结构形成方法的不同,金字塔变换融合方法可分为拉普拉斯金字塔法[25]、梯度金字塔法[26]、比率低通金字塔法[27-29]和形态学金字塔法[30]。

(2)小波变换融合方法。

小波变换融合方法[31-32]首先对源图像进行小波变换,将其分解在不同频段上,然后依据某种融合规则对各频段数据进行融合,最后再用小波逆变换得到融合图像。大多数小波变换融合方法中都采用离散小波变换。与金字塔变换不同的是,小波变换具有较好的方向性。

随着小波与多分辨率分析理论研究的深入,可变方向的二进制小波变换[33]、小波包变换[34]、多小波变换[35]、双数复小波变换(DT-CWT)[36-39]等也应用于图像融合,这些方法取得了较好的融合效果。

(3)多尺度几何分析融合方法。

一维小波和二维可分离小波基只有有限的方向,不能很好地表示图像中的方向信息,在细节信息的增强方面不足。为了弥补这一不足,多尺度几何分析理论开始应用到图像融合中,以 Curvelet[40]、二代 Curvelet[41-42]、Contourlet[43]、非采样 Contourlet[44]为代表的多尺度几何分析工具应运而生。这些方法的基本思路与小波变换融合方法相似。

2. 彩色图像融合

由于人眼能分辨的颜色等级是灰度等级的几百倍，将红外与可见光图像合成彩色融合图像可以使人眼更有效地感知各波段图像的特征信息，提升人对目标和场景信息的认识[45-50]，因此彩色图像融合技术是目前国际上的研究热点。

1）直接映射融合方法

直接映射融合方法将源图像直接映射入 RGB 通道，从而形成彩色融合图像。一种比较有效的方法是美国海军研究室(Naval Research Lab)提出的简化 NRL 方法[51-52]。该方法将红外图像送入 R 通道，将可见光图像分别送入 G 和 B 通道。直接映射融合方法简单，易于实时实现，但是其融合图像的色彩不自然。有学者首先通过多分辨率融合方法构建质量较好的融合图像，然后设计一定的规则分别映射到不同通道[53]，但其仍然存在色彩不自然的问题。

2）TNO 融合方法

TNO 融合方法是荷兰 TNO Human Factors 的 Toet 和 Walraven 于 1996 年提出的[54]。该方法首先确定两幅源图像的共有部分，再从每幅图像中分别减去共有部分，得到每幅图像的独有部分，然后用两幅图像分别减去另一幅图像的独有部分得到细节增强，最后将所得的结果送入不同的颜色通道进行显示。该方法的优点是运算速度快，但是融合图像色彩不自然。

3）MIT 融合方法

MIT 融合方法由麻省理工学院林肯实验室提出，是一种比较成功的非线性组合方法[45, 55-59]。该方法的基本思想是应用前馈型中心—周边分离网络的生物视觉拮抗特征[60]来增强图像对比度，采用自然的彩色映射方案，并将红外图像中的冷热目标分开，得到的融合图像具有适合人眼观察的自然色彩。但是该算法公开的技术细节信息很少。北京理工大学的王岭雪等基于 MIT 融合方法，提出了一种基于拮抗视觉特性的彩色夜视融合方法[61-62]。

4）基于色彩传递技术的融合方法

2001 年，Reinhard 等人利用 CIELAB 变换提出了一种在两幅彩色图像之间进行颜色传递的方法[63]。2003 年，Toet 将该方法引入图像融合中来获得具有自然色彩的彩色融合图像[64]。该算法的主要思路是：首先将源彩色融合图像和参考彩色图像变换到 CIELAB 空间，然后调整源彩色融合图像各个颜色分量的均值与方差，使其与参考图像相同，最后通过 CIELAB 逆变换获得最终的融合图像。这样得到的彩色融合图像具有与参考图像相似的色彩效果，更符合人眼视觉感受。

该技术很快得到了图像融合领域众多学者的重视[65]，已经成为目前世界上最常用的彩色融合方法之一。很多学者对该技术进行了深入的探索[66-67]。除了 CIELAB 空间，YUV 空间[68]、YCrCb 空间[69]、ICbCr 空间[70]、HSV 空间[71]下的色彩传递开始应用于彩色融合，比如北京理工大学在基于自然感的色彩传递算法及其实时化处理方面取得了一定的进展[72-73]。由于 Toet 的标准色彩传递融合方法存在对比度低的缺点，一些基于对比度增强的色彩传递方法开始出现。2008 年，李光鑫提出一种对比度增强型的颜色传递融合方法，该方法在 YCrCb 空间下用一幅高对比度的灰度融合图像替换彩色融合图像的亮度分量，有效地提高了最终彩色融合图像的亮度对比度[69-70]。2009 年,殷松峰提出了一种提高目标探测性的颜色对比度增强方法[74-75],该方法根据红外图像特征,引入了一种与红外图像各像素亮度和图像平均亮度的偏离相关的颜色对比度增强因子,利用该因子可增强目标与背景的颜色对比度。2012 年,Qian 在殷松峰的基础上,提出了一种对比度增强的彩色融合方法[76-77],该方法首先对红外与 CCD 源图像进行对比度增强预处理,然后在 Lab 空间下对 B 通道引入拉伸因子来增强目标与背景的对比度。这些方法都在一定程度上提高了目标与背景的颜色对比度,使得目标探测性更高。

5)基于区域的彩色融合方法

为了使融合图像的色彩更加丰富,有学者研究了基于区域的彩色融合方法[78-80]。这种融合方法的基本思路是:首先通过图像分割算法把图像分为不同的区域,再根据不同区域的景物特征,选取与其匹配的参考图像。与选取一幅参考图像的色彩传递方法相比,这种方法可以从一系列参考图像中选取颜色,匹配给不同的区域,得到的融合图像色彩更鲜艳丰富。该方法的缺点是对图像分割算法的要求很高,计算复杂,区域边界的色彩很不自然。

1.2.2 红外与可见光融合图像的质量评价

图像融合效果的评价有主观评价和客观评价[81-86]两种。主观评价就是用人眼进行目视判读,对比图像融合前后的效果,从而做出定性评价。主观评价费时费力,缺乏通用性,因此人们更希望通过客观的方法来对融合图像进行质量评价。

1. 灰度融合图像质量评价

针对灰度融合图像,主要的质量评价方法有以下几种:

(1)基于单个图像统计特征(包括标准差、熵、平均梯度、空间频率等)的评价[7, 87-88]。

(2)基于融合图像与源图像关系(包括互信息[89]、交叉熵、相关系数等)的评价[7, 87-90]。

(3)Xydeas-Petrovic[91-92]指标评价。该指标是一种与边缘信息相关的融合质量客观评价指标,用来评价源图像的边缘信息融入融合图像中的程度。该指标的值越大,表示融合图像保留的源图像边缘信息越多,融合质量越好。

(4)Piella 指标[93-94]评价。Piella 提出了两个图像融合质量评价指标,即边缘融合质量指标(EFQI)和加权融合质量指标(WFQI)。这两个指标都结合了人眼视觉特性,WFQI 评价的是融合图像中包含源图像特征信息的多少,EFQI 评价的是图像边缘信息的多少。指标的值越接近 1 表示融合图像质量越好。

(5)基于结构相似度的融合图像质量评价。Zhou 和 Bovik 在 2004 年提出了两幅图像结构相似度的概念[95],结构相似度定义为图像间亮度比较、对比度比较和结构比较的乘积。通过比较融合图像与源图像间的结构相似度,可以客观地评价融合图像质量[96-97]。

2. 彩色融合图像质量评价

上面的评价指标都是针对灰度融合图像。随着彩色融合技术的兴起,彩色融合图像的质量评价越来越受到重视。目前人们还主要用主观方法来评价彩色融合图像[84, 98-102]。2003 年,Toet 等人设计了彩色融合图像的视觉实验[84],该实验由 12 个人参与,他们从两个方面来主观评价融合图像,即对场景整体结构的感受和对图像细节的感受。对细节的感受实验主要通过让观察者判断图像中是否存在典型目标(如建筑、人、道路、车辆等)来进行。

2005 年，石俊生等提出了夜视彩色融合图像质量评价的三个基本指标[98]，即"目标探测性""细节"和"色彩"，并且通过视觉评价实验，研究了"感知质量"与这三个指标的相关性。

主观评价方法缺少通用性，随着彩色融合技术的兴起，对彩色融合图像客观评价的需求越来越迫切。但是目前学术界还没有找到合适的客观指标去评价彩色融合图像的质量，只有少数学者对这方面进行了研究[103-107]。

2009 年，Tsagaris[108]提出了一种彩色融合的客观评价方法。该方法从两个方面来评价彩色融合图像，即源图像与融合图像间的互信息，以及彩色融合图像在 CIELAB 空间下色调分量的分布。但是，从人眼视觉角度理解，人在评价彩色融合图像质量时，对互信息并不敏感。除此之外，这种方法对融合图像色彩的评价与人眼感受并不十分吻合，因为人在评价彩色图像时，感受的不仅仅是它的色调。

1.3 红外与可见光图像融合系统噪声评价研究现状

现有的方法大多通过计算图像的相关指标给出评价结果，很少从噪声干扰的角度探究如何对融合成像结果进行客观有效的评价。国内外有很多测试系统均是针对单个波段的成像系统进行噪声测试和评价，2015 年，西安国防光学一级计量站与南京理工大学合作建立了 ICCD 的参数测量的统一标准，用于测试 ICCD 成像系统的实用性以及其成像质量[109]。2015 年，北京理工大学针对红外系统场景进行了一系列数学仿真研究，为研究红外噪声对图像的影响打下了一定基础[110]。而针对融合电路，作为源的单路视频图像和融合后图像对比，某些噪声相关指标有何变化，对图像有何影响，相关的研究较少。2015 年，汪慧婷[111]从噪声角度出发提出了一种融合噪声增益因子，作为衡量融合成像系统噪声特性的指标。

图像在获取和传输过程中通常会受到噪声的污染[112]，单波段成像系统所提供的用于融合的源图像由于一系列的干扰因素，往往已经包含一定量的噪声[113-114]。在整个融合成像系统中，引入噪声的因素多种多样，如何客观评价这些融合算法在噪声研究方面的性能，以及探究融合电路板在融合源图后，图像噪声发生了什么变化，国内外研究大多是采用将噪声在计算机上进行数学仿真，借助计算机软件进行某些图像评价参数的计算。

2001 年，邹正峰提出利用线性同余法，利用随机数生成用于噪声仿真，改进其计算过程，再求反函数，将均匀分布随机转化为泊松分布，在计算机上生成随机噪声，来模拟可见光系统中的光量子噪声，为噪声仿真提出一种思路[115]。2007 年，张小凤[116]提出了一种融合图像评价方法，基于模糊积分做出算法改进，可总结为三个步骤：

（1）将融合前图像与融合后图像分解成边缘、纹理和平坦三幅图像，其依据是人眼的视觉特性；

（2）计算图像在步骤（1）中被划分的三个区域内的误差；

（3）最后根据这三个区域在图像中所占比重加权，代入评价函数，得到评价值。

由于红外图像成像过程复杂，一般成像质量较差且包含各种噪声，导致融合算法无法识别某些像素点是噪声还是有效信息，这会给客观评价带来很大问题，影响评估结果。张小凤通过实验验证，某种程度上，基于模糊积分的评价方法，可以避免噪声的干扰，与实际结果较符合。此种方法很适合在噪声干扰较大的烟、雾霾、水气、尘土环境中使用。2014年，唐麟提出可利用建模方法来仿真红外噪声，通过分析其读出电路、温度漂移等引入噪声的因素，从几种常见红外噪声中建立数学模型，基于 MATLAB 编程得到一系列随机数据用于仿真红外典型噪声[117]。

目前真正在硬件上实现一个完整性高、可移植强的噪声性能评价系统不多，相关的研究在国内外的实验室均较少见。一个客观评价系统搭建、测试、验证完毕，就可投入多种应用场景，并且能够较快速地给出评估结果，具有很强的结果一致性、适用性和稳定性。因此，必须要研制出可用、可移植的噪声性能测试系统，用于评估融合结果，最终达到选取最适合场景、融合效果最佳和性能最优融合成像系统的目的[118]。

本章参考文献

[1] SMITH M I, HEATHER J P. Review of image fusion technology in 2005[C]. Proceedings of SPIE, 2005, 5782: 29-45.

[2] GOSHTASBY A A, NIKOLOV S. Image fusion: Advances in the state of the art[J]. Information Fusion, 2007, 8(2): 114-118.

[3] 毛士艺, 赵巍. 多传感器图像融合技术综述[J]. 北京航空航天大学学报, 2002, 28(5): 512-518.

[4] 楚恒. 像素级图像融合及其关键技术研究[D]. 成都: 电子科技大学, 2008.

[5] MULLER A C, NARAYANAN S. Cognitively-engineered multisensor image fusion for military applications[J]. Information Fusion. 2009, 10(2): 137-149.

[6] SMITH M I, SADLER J R E. Flight assessment of a real time multi-resolution image fusion system for use in degraded visual environments[C]. Proceedings of SPIE. 2007, 6559: 65590K.

[7] DANESHVAR S, GHASSEMIAN H. MRI and PET image fusion by combining IHS and retina-inspired models[J]. Information Fusion, 2010, 11(2): 114-123.

[8] GUO Q, CHEN S Y, LEUNG H, et al. Covariance intersection based image fusion technique with application to pansharpening in remote sensing[J]. Information Sciences, 2010, 180(18): 3434-3443.

[9] 吉书鹏, 丁晓青. 可见光与红外图像增强融合算法研究[J]. 红外与激光工程, 2002, 31(6): 518-521.

[10] 李光鑫. 红外和可见光图像融合技术的研究[D]. 吉林: 吉林大学, 2008.

[11] http://www.globalsecurity.org/military/systems/ground/envg.htm.

[12] http://nightvision.com/news/news_detail.asp? news_ID=24.

[13] http://www.exelisinc.com/solutions/AN_PSQ-Enhanced-Night-Vision-Goggle/Pages/default.aspx.

[14] SMITH M I, BALL A N, HOOPER D. Real-time image fusion: a vision aid for helicopter pilotage[C]. Proceedings of SPIE, 2002, 4666: 83-93.

[15] SMITH M I, ROOD G. Image fusion of II and IR data for helicopter pilotage[C]. Proceedings of SPIE, 2000, 4126: 186-197.

[16] DWYER D, SMITH M, DALE J, et al. Real time implementation of image alignment and fusion[C]. Proceedings of SPIE, 2005, 5813: 16-24.

[17] 孙耀峰. 彩色夜视眼镜[J]. 中国个体防护装备, 2004(02): 47.

［18］ PIELLA G. A general framework for multiresolution image fusion：from pixels to regions［J］. Information Fusion，2003，4(4)：259-280.

［19］ 刘贵喜. 多传感器图像融合方法研究［D］. 西安：西安电子科技大学，2001.

［20］ POHL C，CENDEREN J L VAN. Multisensor image fusion in remote sensing：concepts，methods and applications［J］. International Journal of Remote Sensing，1998，19(5)：823-854.

［21］ YANG B，JING Z L，ZHAO H T. Review of pixel-level image fusion［J］. Shanghai Jiaotong University. 2010，15(1)：6-12.

［22］ 张诚成，胡金春. 基于支持向量聚类的多聚焦图像融合算法［J］. 软件学报，2007，18(10)：2445-2457.

［23］ ROCKINGER O，FECHNER T. Pixel-level image fusion：the case of image sequences［C］. Proceedings of SPIE，1998，3374：378-388.

［24］ ZHANG Z，BLUM R S. A categorization of multiscale-decomposition-based image fusion schemes with a performance study for a digital camera application［C］. Proceedings of IEEE，1999，87(8)：1315-1326.

［25］ BURT P J，ADELSON E H. The Laplacian pyramid as a compact image code［J］. IEEE Transactions on Communications，1983，31(4)：532-540.

［26］ BURT P J. A gradient pyramid basis for pattern selective image fusion［C］. International Display Conference，1992，1：467-470.

［27］ TOET A. Image fusion by a ratio of low-pass pyramid［J］. Pattern Recognition Letters，1989，9(4)：245-253.

［28］ TOET A，RUYVEN J J VAN，VALETON J M. Merging thermal and visual images by a contrast pyramid［J］. Optical Engineering，1989，28(7)：789-792.

［29］ TOET A. Multi-scale contrast enhancement with applications to image fusion［J］. Optical Engineering，1992，31(5)：1026-1031.

［30］ MATSOPOULOS G K，MARSHALL S. Application of morphological pyramids：fusion of MR and CT phantoms［J］. Journal of Visual Communication and Image Representation，1995，6(2)：196-207.

［31］ PAJARES G，CRUZ J M D L. A wavelet-based image fusion tutorial［J］. Pattern Recognition，2004，37(9)：1855-1872.

［32］ AMOLINS K，ZHANG Y，DARE P. Wavelet based image fusion techniques：an introduction，review and comparison［J］. ISPRS Journal of Photogrammetry and Remote Sensing，2007，62(4)：249-263.

［33］ KOREN I，LAINE A，TAYLORAND F. Image fusion using steerable dyadic wavelet transform［J］. International Conference on Image Processing，1995，3：232-235.

［34］ CAO W，LI B C，ZHANG Y A. A remote sensing image fusion method based on PCA transform and wavelet packet transform［C］. International Conference on Neural Networks and Signal Processing，2003，2：976-981.

［35］ WANG H H. A new multiwavelet-based approach to image fusion［J］. Journal of Mathematical Imaging and Vision，2004，21(2)：177-192.

［36］ HILL P R，BULL D R，CANAGARAJAH C N. Image fusion using a new framework for complex wavelet transforms［C］. International Conference on Image Processing，2005，2：1338-1341.

［37］ IOANNIDOU S，KARATHANASSI V. Investigation of the dual-tree complex and shift-invariant discrete wavelet transforms on Quickbird image fusion［J］. IEEE Geoscience and Remote Sensing

Letters，2007，4(10)：166-170.

[38]　LEWIS J J，O'CALLAGHAN R J，NIKOLOV S G. Region-based image fusion using complex wavelets[C]. International Conference on Image Fusion，2004，1：555-562.

[39]　LIU C Y，JING Z L，XIAO G，et al. Feature-based fusion of infrared and visible dynamic images using target detection[J]. Chinese Optics Letters，2007，5(5)：274-277.

[40]　STARCK J L，CANDES E J，DONOHO D L. The curvelet transform for image denoising[J]. IEEE Transactions on Image Processing，2002，11(6)：670-684.

[41]　CANDÈS E J，DEMANET L，DONOHO D L，et al. Fast discrete curvelet transforms [J]. Multiscale Modeling&Simulation，2005，5(3)：861-899.

[42]　付梦印，赵诚. 基于二代 Curvelet 变换的红外与可见光图像融合[J]. 红外与毫米波学报，2009，28 (4)：254-258.

[43]　DO M N，VETTERLI M. The contourlet transform：an efficient directional multiresolution image representation[J]. IEEE Transactions on Image Processing，2005，14(12)：2091-2106.

[44]　DA CUNHA A L，ZHOU J，DO M N. The nonsubsampled contourlet transform：theory，design and applications[J]. IEEE Transactions on Image Processing，2006，15(10)：3089-3101.

[45]　WAXMAN A M，GOVE A N，FAY D A，et al. Night vision：opponent processing in the fusion of visible and IR imagery[J]. Neural Networks，1997，10(1)：1-6.

[46]　SCRIBNER D A，SCHULER J M，WARREN P R，et al. Infrared color vision：separating objects from backgrounds[C]. Proceedings of SPIE，1998，3379：2-13.

[47]　骆媛，王岭雪，金伟其，等. 微光(可见光)/红外彩色夜视技术处理算法及系统进展[J]. 红外技术，2010，32(6)：337-344.

[48]　倪国强，肖蔓君，秦庆旺，等. 近自然彩色图像融合算法及其实时处理系统的发展[J]. 光学学报，2007，27(12)：2101-2109.

[49]　TOET A，HOGERVORSTA M A，NIKOLOVB S G，et al. Towards cognitive image fusion[J]. Information Fusion，2010，11(2)：95-113.

[50]　HOGERVORST M A，TOET A. Fast natural color mapping for night-time imagery [J]. Information Fusion，2010，11(2)：69-77.

[51]　MCDANIEL R V，SCRIBNER D A，KREBS W K，et al. Image fusion for tactical applications[C]. Proceedings of SPIE，1998，3426：685-695.

[52]　MCCARLEY J S，KREBSW K. Visibility of road hazards in thermal，visible，and sensor-fused night-time imagery[J]. Applied Ergonomics，2000，31(5)：523-530.

[53]　SUN F M，LI S T，YANG B. A new color image fusion method for visible and infrared images[C]. Proceedings of IEEE，2007：2043-2048.

[54]　TOET A，WALRAVEN J. New false color mapping for image fusion[J]. Optical Engineering，1996，35(3)：650-658.

[55]　WAXMAN A M，FAY D A，GOVE A N，et al. Color night vision：fusion of intensified visible and thermal IR imagery[C]. Proceedings of SPIE，1995，2463：58-68.

[56]　WAXMAN A M，GOVE A N，SIEBERT M C，et al. Progress on color night vision：visible/IR fusion，perception and search，and low-light CCD imaging[C]. Proceedings of SPIE，1996，2736：96-107.

[57]　AGUILAR M，FAY D A，ROSS W D，et al. Real-time fusion of low-light CCD and uncooled IR imagery for color night vision[C]. Proceedings of SPIE，1998，3364：124-135.

[58]　FAY D A，WAXMAN A M，AGUILD M，et al. Fusion of multi-sensor imagery for night vision：

color visualization, target learning and search[C]. The 3rd International Conference on Information Fusion, 2000, 1: TuD3-3-TuD3-10.

[59] FAY D, IIARDI P, SHELDON N, et al. Realtime image fusion and target learning & detection on a laptop attached processor[C]. Proceedings of SPIE, 2005, 5802: 154-165.

[60] ELLIAS S A, GROSSBERG S. Pattern formation, contrast control, and oscillations in the short-term memory of shunting on-center off-surround networks[J]. Biological cybemetics, 1975, 20: 69-98.

[61] 王岭雪, 金伟其, 石俊生, 等. 基于拮抗视觉特性的多波段彩色夜视融合方法研究[J]. 红外与毫米波学报, 2006, 25(6): 455-459.

[62] 王岭雪, 金伟其, 刘广荣, 等. 基于侧抑制特性的夜视图像彩色融合方法研究[J]. 北京理工大学学报, 2003, 23(4): 513-516.

[63] REINHARD E, ASHIKHMIN M, GOOCH B, et al. Color transfer between images[J]. IEEE Computer Graphics and Applications, 2001, 21(5): 34-41.

[64] TOET A. Natural colour mapping for multiband nightvision imagery[J]. Information Fusion, 2003, 4(3): 155-166.

[65] TSAGARIS V, ANASTASSOPOULOS V. Fusion of visible and infrared imagery for night color vision[J]. Displays, 2005, 26(4-5): 191-196.

[66] 史世明, 王岭雪, 金伟其, 等. 基于多分辨率色彩传递的彩色夜视方法研究[J]. 光子学报, 2010, 39(3): 553-558.

[67] SUN S Y, JING Z L, LIU G, et al. Transfer color to night vision images[J]. Chinese Optics Letters, 2005, 3(8): 448-450.

[68] WANG L X, SHI S M, JIN W Q, et al. Color fusion algorithm for visible and infrared images based on color transfer in YUV color space[C]. Proceedings of SPIE, 2007, 6787: 67870S.

[69] 李光鑫, 徐抒岩, 赵运隆, 等. 颜色传递技术的快速彩色图像融合[J]. 光学精密工程, 2010, 18(7): 1637-1647.

[70] LI G X, XU S Y. An efficient color transfer method for fusion of multiband nightvision images[C]. International Conference on Information Engineering and Computer Science, 2009: 1-6.

[71] HAQ A U, GONDAL I, MURSHED M. Automated multi-sensor color video fusion for nighttime video surveillance[J]. IEEE Symposium on Computers and Communications, 2010: 529-534.

[72] WANG L X, ZHAO Y M, JIN W Q, et al. Real-time color transfer system for low-light level visible and infrared images in YUV color space[C]. Proceedings of SPIE, 2007, 6567.

[73] 史世明, 王岭雪, 金伟其, 等. 基于YUV空间色彩传递的可见光/热成像双通道彩色成像系统[J]. 兵工学报, 2009, 30(1): 30-35.

[74] 殷松峰, 曹良才, 杨华, 等. 提高夜视融合目标可探测性的颜色对比度增强方法[J]. 红外与毫米波学报, 2009, 28(4): 281-284.

[75] YIN S F, CAO L C, LING Y S, et al. One color contrast enhanced infrared and visible image fusion method[J]. Infrared Physics & Technology, 2010, 53(2): 146-150.

[76] QIAN X Y, WANG Y J, WANG B F. Fast color contrast enhancement method for color night vision[J]. Infrared Physics & Technology, 2012, 55(1): 122-129.

[77] QIAN X Y, WANG Y J, WANG B F. Effective contrast enhancement method for color night vision[J]. Infrared Physics & Technology, 2012, 55(1): 130-136.

[78] ZHENG Y F, ESSOCK E A. A local-coloring method for night-vision colorization utilizing image analysis and fusion[J]. Information Fusion, 2008, 9(2): 186-199.

[79] YANG B, SUN F M, LI S T. Region-based color fusion method for visible and IR image sequences

[C]. Chinese Conference on Pattern Recognition，2008：1-6.

[80] 马爽，方建安，孙韶媛，等. 基于伪彩色融合图像聚类的夜视图像上色算法[J]. 光学学报，2009，29 (6)：1502-1507.

[81] PETROVIĆ V，XYDEAS C. Objective evaluation of signal-level image fusion performance[J]. Optical Engineering，2005，44(8)：087003.

[82] TSAGARIS V，ANASTASSOPOULOS V. Global measure for assessing image fusion methods[J]. Optical Engineering，2006，45(2)：026201.

[83] DIXON T D，CANGA E F，NIKOLOV S G，et al. Selection of image fusion quality measures：objective，subjective，and metric assessment[J]. Journal of the Optical Society of America A，2007，24(12)：B125-B135.

[84] TOET A，FRANKEN E M. Perceptual evaluation of different image fusion schemes[J]. Displays，2003，24：25-37.

[85] PETROVIĆ V. Subjective tests for image fusion evaluation and objective metric validation[J]. Information Fusion，2007，8(2)：208-216.

[86] CVEJIC N，ŁOZA A，BULL D，et al. A similarity metric for assessment of image fusion algorithms [J]. International Journal of Signal Processing，2006，2(3)：178-182.

[87] 胡良梅，高隽，何柯峰. 图像融合质量评价方法的研究[J]. 电子学报，2004，32(12A)：218-221.

[88] 刘贵喜，杨万海. 基于多尺度对比度塔的图像融合方法及性能评价[J]. 光学学报，2001，21(11)：1336-1342.

[89] QU G H，ZHANG D L，YAN P F. Information measure for performance of image fusion[J]. Electronics Letters，2002，38(7)：313-315.

[90] CVEJIC N，CANAGARAJAH C N，BULL D R. Image fusion metric based on mutual information and Tsallis entropy[J]. Electronics Letters，2006，42(11)：626-627.

[91] XYDEAS C S，PETROVIC V. Objective image fusion performance measure[J]. Electronics Letters，2000，36(4)：308-309.

[92] XYDEAS C S，PETROVIC V S. Objective pixel-level image fusion performance measure[C]. Proceedings of SPIE，2000，4051：89-98.

[93] PIELLA G，HEIJMANS H. A new quality metric for image fusion[C]. The International Conference on Image Processing，2003，3：III-173-III-176.

[94] PIELLA G. New quality measures for image fusion[C]. The 7th International Conference on Information Fusion，2004，6：542-546.

[95] ZHOU W，BOVIK A C，SHEIKH H R，et al. Image quality assessment：from error visibility to structural similarity[C]. IEEE Transactions on Image Processing，2004，13(4)：600-612.

[96] YANG C，ZHANG J Q，WANG X R，et al. A novel similarity based quality metric for image fusion [J]. Information Fusion，2008，9(2)：156-160.

[97] LIU Z，FORSYTH D S，LAGANIÈRER. A feature-based metric for the quantitative evaluation of pixel-level image fusion[J]. Computer Vision and Image Understanding，2008，109(1)：56-68.

[98] 石俊生，金伟其，王岭雪. 视觉评价夜视彩色融合图像质量的实验研究[J]. 红外与毫米波学报，2005，24(3)：236-240.

[99] ESSOCK E A，SINAI M J，MCCARLEY J S，et al. Perceptual ability with real-world nighttime scenes：image-intensified，infrared，and fused-color imagery[J]. Human Factors，1999，41(3)：438-452.

[100] SINAI M J, MCCARLEY J, KREBS W K, et al. Psychophysical comparisons of single-and dual-band fused imagery[C]. Proceedings of SPIE, 1999, 3691: 176-183.

[101] TOET A, IJSPEERT J K, WAXMAN A M, et al. Fusion of visible and thermal imagery improves situational awareness[C]. Proceedings of SPIE, 1997, 3088: 177-188.

[102] TOET A, IJSPEERT J K. Perceptual evaluation of different image fusion schemes[C]. Proceedings of SPIE, 2001, 4380: 427-435.

[103] WANG Y Q, ZHU M, PANG H C, et al. Assessment of color Image fusion algorithms based on quaternion singular value decomposition[C]. Proceedings of SPIE, 2009, 7498: 74981Y.

[104] HAQ A U, GONDAL I, MURSHED M. A novel color image fusion QoS measure for multi-sensor night vision applications[J]. IEEE Symposium on Computers and Communications, 2010: 399-404.

[105] SHI J S, JIN W Q, WANG L X, et al. Objective evaluation of color fusion of visible and IR imagery by measuring image contrast[C]. Proceedings of SPIE, 2005, 5640: 594-601.

[106] TSAGARIS V. Objective evaluation of color image fusion methods[J]. Optical Engineering, 2009, 48(6): 066201.

[107] 石俊生,金伟其. 彩色夜视融合图像熵评价研究[J]. 兵工学报, 2006, 27(6): 1039-1042.

[108] TSAGARIS V, ANASTASSOPOULOS V. Global measure for assessing image fusion methods[J]. Optical Engineering, 2006, 45(2): 409-411.

[109] 徐茜茜. 微光 ICCD 的噪声特性测试与分析[D]. 南京:南京理工大学, 2015.

[110] 胡海鹤. 红外视景仿真关键技术研究[D]. 北京:北京理工大学, 2015.

[111] 汪慧婷. 短波红外与中波红外图像融合系统的评价方法研究[D], 南京:南京理工大学, 2016.

[112] 蒋宏,任章. 红外与可见光图像配准和融合中的关键技术[J]. 红外与激光工程, 2006, S4: 7-12.

[113] 许凡. 红外与可见光图像融合技术的研究[D]. 西安:中国科学院研究生院(西安光学精密机械研究所), 2014.

[114] 杨晋伟. 多光谱融合前端图像实时降噪处理系统的研究[D]. 南京:南京理工大学, 2009.

[115] 邹正峰,芦汉生,白廷柱,等. 微光成像系统量子噪声的计算机模拟仿真研究 [J]. Journal of Beijing Institute of Technology, 2001, 02: 186-190.

[116] 张小凤. 可见光和红外图像融合质量评价研究[D]. 武汉:华中科技大学. 2005.

[117] 唐麟,刘琳,苏君红. 红外图像噪声建模及仿真研究[J]. 红外技术, 2014, 07: 542-548.

[118] 白成林. 基于伪随机连续波信号的测距研究[D]. 太原:太原理工大学, 2014.

第 2 章　红外与可见光图像融合系统的设计

2.1　红外与可见光图像融合系统的结构及工作原理

红外与可见光图像融合系统主要由前端探测系统、图像处理器、传输系统、后端显示与控制系统等组成，如图 2.1 所示。

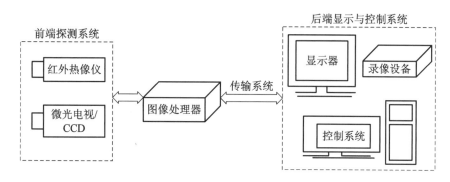

图 2.1　红外与可见光图像融合系统结构图

前端探测系统由光学探测器组成，包括红外热像仪和微光电视/CCD。图像处理器主要完成红外图像的增强、微光/可见光降噪、图像配准和图像融合等功能。传输系统由光端机及光缆组成，主要完成电/光转换、光信号传送、光/电转换等功能。控制系统通过人机交互软件操控，主要功能为向前端探测系统发出指令，包括配准参数调整和融合模式的切换等。后端显示系统由显示器及硬盘录像设备等构成，显示器接收并显示来自前端探测系统的视频信号，硬盘录像设备可以对实时视频进行硬盘录像[1]。

红外与可见光图像融合系统的工作原理如图 2.2 所示。

前端探测系统中的微光电视（或 CCD）和红外热像仪的视频输出送到图像预处理电路进行视频采集，转化为数字视频。经过采集后的数字微光视频（或 CCD 视频）将进行时空滤波降噪处理，数字红外视频将进行自适应图像增强，经过预处理的微光视频（或 CCD 视频）和红外视频首先进行图像的配准处理，配准后的红外和微光电视图像（或 CCD 图像）采用合适的融合算法进行图像融合。融合后的数字视频、经过预处理的红外和微光视频（或者 CCD 视频）都将送往传输系统。传输系统将视频数据传送到后端显示与控制系统。显示与控制系统将显示前端的视频信息，同时也可以向图像处理电路发送指令[2-3]。

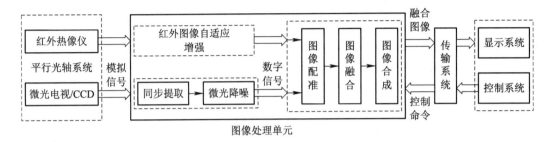

图 2.2　红外与可见光图像融合系统工作原理示意图

2.2 前端光学系统的设计

　　由于红外与可见光探测器为异源传感器，因此在图像融合系统中，图像配准技术是图像融合的必要条件，并且对配准精度有较高要求。如果空间误差超过一个像素，则融合结果会出现重影，严重影响融合图像的质量。图像配准技术的实现，一方面要依赖于图像处理器中的配准算法，另一方面则与前端光学系统设计相关。它对于前端光学系统的视场、光轴都有严格的要求，所以前端光学系统的设计对整个融合系统的研制起着至关重要的作用。

　　现有的前端光学系统中，多采用共光轴的光学系统，其工作原理是采用两块半透半反镜将两个波段的光分离，保证两个不同的传感器共用一个光学系统，以确保两者的光路相同，从而获得两幅配准精度较高的源图像。然而，这种设计存在的缺陷在于[1]：首先，为了确保进入两个探测器的光线平行，两块半透半反镜必须严格平行，这对设计的平行精度要求很高，在工艺上较难实现；其次，由于该镜片的特殊镀膜方式，光信号在通过时必然有一定的衰减，特别是对于微光探测器而言，光能的损失会大大减弱成像效果，反而达不到利用融合技术实现探测增强的目的。

　　为了达到既能保证图像重合度，又不会有光能损失的目的，可以采用平行光轴的光学设计。该设计的技术难点为：

　　（1）两个传感器的平行度要高；

　　（2）两个传感器必须具有几乎相同的视场；

　　（3）因为两个传感器之间存在一定的距离，所以同一目标不能完全重合。

　　以红外与可见光图像融合系统为例，对于第（1）和第（2）点而言，根据现有的条件，本书设计了一种基于平行光轴的前端光学系统，可保证红外与微光/可见光成像系统的光轴达到较高的平行精度。对于第（3）点，在微光物镜前端安置光楔，利用光楔的光轴平移性改变探测装置对目标成像时的光路，可使可见光图像与红外图像中的同一目标重合度增加[4]，从而解决难点(3)。下面，就从理论上论证这种设计的可行性。

2.2.1　平行光轴光学系统的设计

红外与微光/可见光融合系统基于平行光轴的前端设计示意图如图 2.3 所示。

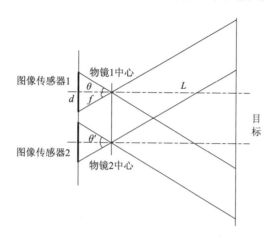

图 2.3　双传感器平行光轴示意图

假设两个传感器具有相同的视场，但是由于它们之间存在距离偏差 u，使得成像后的目标不能完全重合。定义目标的重合度 δ 为

$$\delta = \frac{2L\tan(\theta/2) - u}{2L\tan(\theta/2)} \tag{2.1}$$

式中，L 为物镜中心与目标之间的距离；θ 为传感器视场大小。

当两个传感器的光轴不平行时，其示意图如图 2.4 所示。

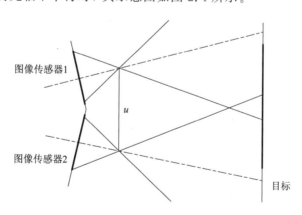

图 2.4　双传感器不平行光轴示意图

假设两者光轴夹角为 β，修正视场重合度公式如下

$$\delta = \frac{2L\tan(\theta/2 - \beta/2) - u}{L\tan(\theta/2 + \beta/2) + L\tan(\theta/2 - \beta/2)} \tag{2.2}$$

根据式(2.2)，可以得到在不同条件下两个传感器成像的视场重合度。若给定两个传感器的视场都为 40°，它们之间的距离 u 为 20 cm，则对于不同的目标距离(如 100 m、500 m 和 1000 m)，在不同的光轴夹角条件下，其视场重合度如图 2.5 所示。

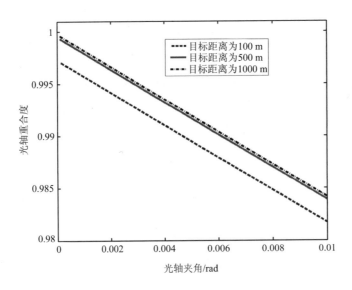

图 2.5　不同目标距离下视场重合度与光轴夹角的关系

从图 2.5 中可以看出，当两个传感器的光轴夹角减小时，它们成像的视场重合度会明显增加，甚至无限接近于 1。这说明只要限制光轴夹角的大小，就可以获得较大的视场重合度。比较目标距离为 100 m 和 1000 m 条件下的视场重合度，可以发现，目标距离传感器越远，两个传感器成像的视场重合度将越接近于 1，比如当目标距离为 1000 m 时，大小为 0.001 rad 的光轴夹角对应的视场重合度达到 99.82%。这说明，当观测距离很大（远大于两传感器之间距离）时，光轴夹角对于视场重合度的影响很小。

2.2.2　光楔的光轴平移原理

由于两个传感器之间总会存在距离，因此在观测近距离目标时，即使两传感器的光轴夹角很小，目标在成像时仍然不可能完全重合。为了解决这一问题，在微光物镜镜框内安置光楔，利用光楔的光轴平移性来调整光路。光楔为折射角很小的棱镜。由于它的折射角 α 很小，使其偏向角公式可以大大简化。当入射角很小时，偏转角 ε 为

$$\varepsilon = \alpha(n-1) \tag{2.3}$$

式中，n 为光楔的折射率。如图 2.6 所示，若两个光楔折射角均为 α，并相隔一微小间隔，把两光楔主截面平行放置，且光轴相差 $180°$ 时，它们所产生的偏向角为零，从而达到光轴平移的目的。

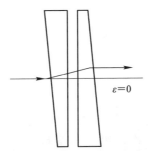

图 2.6　光楔的光轴平移原理图

当两光楔沿轴向相对距离为 Δz 时，出射光线相对于入射光线在垂直方向产生的位移为 Δy，且有

$$\Delta y = (n-1)\alpha\Delta z \qquad (2.4)$$

这样，利用光楔的光轴平移性，就可以改变微光/可见光探测器对目标成像时的光路，如图 2.7 所示，使得可见光图像与红外图像中同一目标的重合度增加。

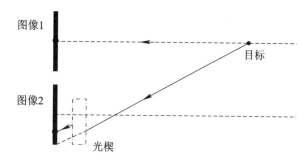

图 2.7　光楔对前端光学系统成像光路的改变

在实际的前端光学系统设计中，考虑到观测目标距离通常为几千米，所以只要保证两个传感器的视场大小几乎一致，保证它们的距离较小（通常为几十厘米），保证两者的光轴夹角小于一定的数值，就能保证两者成像时具有很大的视场重合度。然后，利用光楔对成像光路的改变，进一步提高两个传感器的视场重合度。最后再经过图像配准算法的处理，就能实现精确配准。这说明采用基于平行光轴的前端光学系统设计是可行的。

2.2.3　前端探测器的选择及光学组成

根据现有的技术和实际条件，设计的红外与可见光前端光学系统的光轴夹角小于 0.5 mrad[4]。红外探测器与微光探测器在竖直方向上下放置，红外物镜与微光物镜的光轴处于同一竖直平面内且平行，其间距为 20 cm。选择的红外物镜与微光物镜具有相同的视场，均为 40°。前端光学系统结构示意图如图 2.8 所示。

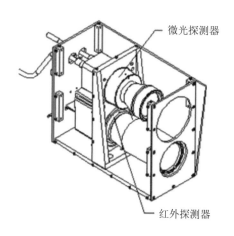

图 2.8　前端光学系统结构示意图

在设计的前端中，红外探测器选用法国 ULIS 公司 UL01011 型号的红外焦平面器件，其波长范围为 8～14 μm，阵列大小为 320×240。微光探测器采用超二代(S252)ICCD 探测器，灵敏度达到 60 mA/W。

2.3 图像处理器的设计

2.3.1 图像处理器的硬件设计

图像处理器硬件结构[2,3,5]如图 2.9 所示。

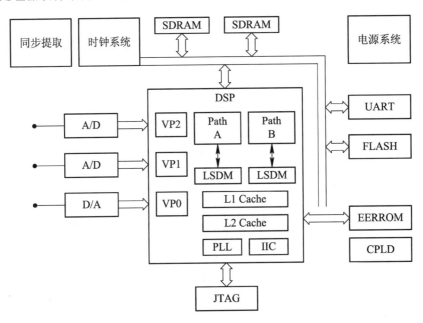

图 2.9　图像处理器硬件结构图

图像处理器的硬件主要由电源系统、时钟系统、DSP、SDRAM、FLASH、CPLD、视频采集单元(A/D)、视频合成单元(D/A)、串口(UART)、接口(JTAG)等组成。

电源系统提供所需要的工作电压。DSP 选用 TI 公司的 TMS320DM642，它是处理电路的核心，主要完成图像的预处理、配准和融合等工作，同时还具有数据通信、系统管理、数据存储和外围器件的配置等功能。SDRAM 用于外扩 DM642 的存储空间，存储捕获和处理完毕后的视频数据。FLASH 用于存储程序和重要的数据，并且把最后完成的软件烧写入 FLASH 中，设置程序从 FLASH 自启动，完成一系列的图像融合处理工作。CPLD 主要实现处理电路的逻辑译码功能，如 FLASH、串口等读写使能信号的产生、IIC 传输通道的选择等。视频采集单元将捕获到的 PAL 制模拟视频信号转换为数字视频信号。视频合成单元将融合完毕后的数字视频信号转换成 PAL 制的模拟视频信号输出。串口单元(UART)选用 TL16C752B 芯片和 MAX3160 芯片，主要用于融合处理电路与 PC 机间的数据传递，如伸缩系数、融合模式等，可用于未来系统与 PC 机之间的新功能扩展，如依靠 PC 机的高级图像处理功能，为系统提供更有效的伸缩系数和配准模式，便于用户在不知道系统设计的情况下对系统进行调试。接口单元主要包含电源输入、视频输入（A/D）输出（D/A）、数据通信和调试接口（JTAG）等部分。

2.3.2　图像处理器的软件设计

图像处理器的软件设计均在 CCS(Code Composer Studio)环境下完成。CCS 是 TI 公司针对标准 TMS320 调试接口开发的软件。它包含源代码编辑工具、代码调试工具、可执行代码生成工具和实时分析工具，并支持设计和开发的整个流程。由于视频数据的捕获、显示、图像配准和图像融合等操作均是同时进行的，因此系统软件采用多任务设计。整个软件设计基于 DSP/BIOS 实时操作系统，系统软件结构如图 2.10 所示。

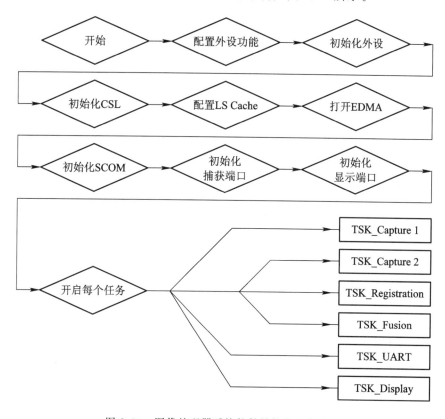

图 2.10　图像处理器系统软件结构和工作流程

任务（task，TSK）的优先级高于空闲循环，低于软件中断和硬件中断。DSP/BIOS 任务对象是管理模块的线程。在进入 DSP/BIOS 的调度程序之前，程序需要初始化多个要使用的模块，包括：

（1）DM642 和系统板的初始化。

（2）RF-5 模块初始化。

（3）建立捕获和显示通道，即建立和启动 2 个捕获通道，建立和启动 1 个显示通道。

（4）图像数据统计任务，即同步执行图像数据的计数统计功能。

在完成初始化工作之后，系统进入 DSP/BIOS 调度程序管理下的 6 个任务模块。这 6 个任务模块分别为微光可见光视频捕获任务模块（TSK_Capture 1）、红外视频捕获任务模块（TSK_Capture 2）、配准任务模块（TSK_Registration）、融合任务模块（TSK_Fusion）、串口任务模块（TSK_UART）和显示任务模块（TSK_Display）[2]。

2.4 控制系统的设计

在图像融合技术中，针对不同的场景以及使用不同的融合算法，都会产生不同的融合效果。除此之外，在图像的配准以及融合过程中，有些参数需要根据实际条件和要求进行修改，这就需要融合系统具有一定的灵活性。所以，需要设计控制系统对整个红外与微光/可见光图像融合系统进行控制操作。控制系统由计算机、串口和控制软件组成。计算机的串口与图像处理器的串口相连，控制软件通过串口向图像处理器发送工作指令[3]，其工作原理如图 2.11 所示。

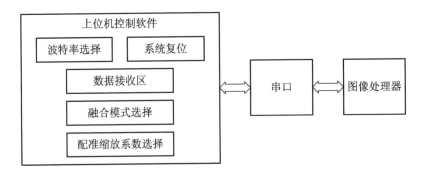

图 2.11 控制系统工作原理示意图

根据以上原理研制的红外与可见光融合系统实物图如图 2.12 和图 2.13 所示。

(a) 前端探测系统   (b) 图像处理器   (c) 融合系统

图 2.12 红外与可见光融合系统实物图

(a) 前端探测系统　　　　　　　(b) 控制和显示系统

图 2.13　红外/微光/CCD 融合系统实物图

本章参考文献

［1］　张俊举，常本康，张宝辉，等. 远距离红外与微光/可见光融合成像系统[J]. 红外与激光工程，2012，41(1)：20-24.

［2］　田思. 微光与红外图像实时融合关键技术研究[D]. 南京：南京理工大学，2010.

［3］　唐善军. 红外与 CCD 图像融合算法与应用研究[D]. 南京：南京理工大学，2011.

［4］　常本康. 红外与微光多光谱融合前端光机结构. 中国，CN201010223561. X[P]，2010.

［5］　李露曦. 微光与红外视频融合系统的图像处理器研究[D]. 南京：南京理工大学，2009.

第 3 章　红外与可见光图像融合系统的探测概率

3.1　概　述

红外与可见光图像融合系统能够有效地提取和综合各自的特征信息,从而增强目标特征,特别是在夜战中,利用微光像增强器与红外热像仪融合技术可以获得人眼无法发现的信息,从而提高探测目标的能力。因此,研制红外与可见光融合系统的主要目的是提高目标的探测能力。

对于图像融合系统而言,需要一种有效的方法来对其进行定量的评价。例如,相比于单一系统,是否对目标的探测概率有所提高。另外,评估不同融合算法对融合系统目标探测概率的影响时,均需要对融合系统的目标探测概率进行定量的计算。

目标探测概率(Probability of Detection,PD)是表示和估计目标可探测性的最重要指标之一[1-4],它是目标识别技术的基础。通常,它是用来描述图像或者成像系统目标探测性能最常用的评价指标。然而,现在对目标探测概率的研究多集中在单一探测系统或决策级的融合上[5],这并不完全适用于像素级的图像融合系统。一方面,由于决策级融合的探测概率依赖于传感器的先验概率,这在多数文献中是假设值或给定值,在实际应用中并不可行。另一方面,目标探测概率不仅仅取决于探测器的性质,影响最终探测概率的因素很多,特别是在图像融合系统中,图像融合质量对目标探测概率有显著影响,这个因素必须要重点考虑。

现有针对融合图像目标探测概率的研究还集中在图像自身评价上,主要通过评价图像的性质来研究图像中目标的探测概率[6]。但这些方法都无法定量地计算整个系统的探测概率。另外,即使在同一幅融合图像中,系统对于不同目标的探测概率也是不同的,因为目标自身的物理特性决定了它在背景中的显著程度,这也是目标能够被探测到的根本原因。因此,对目标光谱特性研究的缺失,使得现有的研究无法全面地探讨红外与可见光图像融合系统的目标探测特性。

针对以上问题,综合考虑各种因素的影响,针对红外与可见光图像融合系统提出了一种客观的目标探测概率计算方法。

3.2 红外与可见光图像融合系统目标探测概率客观计算方法

红外与可见光图像融合系统目标探测概率计算方法，用来定量评估融合系统的探测性能，衡量目标从背景中被探测到的难易程度，而不是基于传感器自身特性的统计特性。因为影响探测概率的因素很多，所以研究的难点在于如何综合定量地描述多个因素的影响。

在目标探测任务中，目标是否能够被探测到，取决于目标和背景的对比度。在光电成像领域，目标和背景的对比度由光谱性质差异决定，这是首要考虑的因素。其次，红外与可见光探测器自身的特性也会影响目标的探测概率。同时，要考虑图像融合算法的影响，不同的融合图像对目标探测概率的提升程度不同。另外，环境因素、目标距离和大小因素也被综合考虑来评价最终的目标探测概率。

设计了五个因素来计算红外与可见光图像融合系统目标探测概率：

(1) 目标与背景的光谱对比度；

(2) 红外与可见光探测器的特性；

(3) 环境照度条件；

(4) 融合图像质量；

(5) 目标大小与距离。

其中，目标自身的光谱对比度在可见光与红外成像系统中分别用反射和辐射对比度表示。利用探测器光谱响应特性与目标光谱分布的光谱匹配程度来描述探测器自身的特性。在设计融合图像质量因素时，没有采用常用的基于全局的图像评价指标。由于人眼视觉系统在目标探测任务中对图像局部区域更加敏感，故采用基于局部区域的图像评价指标。大量实验证明，融合图像中突出的局部目标对比度和局部清晰度对目标探测性能的贡献最大，所以设计了局部目标对比度指标和局部清晰度指标来评价融合图像对目标探测概率的影响。红外与可见光图像融合系统目标探测概率计算方法的思路如图 3.1 所示。其具体步骤如下：

(1) 设计目标的光谱对比度指标；

(2) 设计探测器自身性能指标(在可见光成像系统中，考虑环境照度因素)；

(3) 在(1)和(2)的基础上分别定义可见光与红外单一系统的探测性能；

(4) 在(3)的基础上，依据概率论定义融合系统的探测性能；

(5) 设计局部目标对比度指标和局部清晰度指标来评价融合图像对探测概率的影响；

(6) 设计目标的距离因素指标；

(7) 最终计算出红外与可见光图像融合系统的目标探测概率。

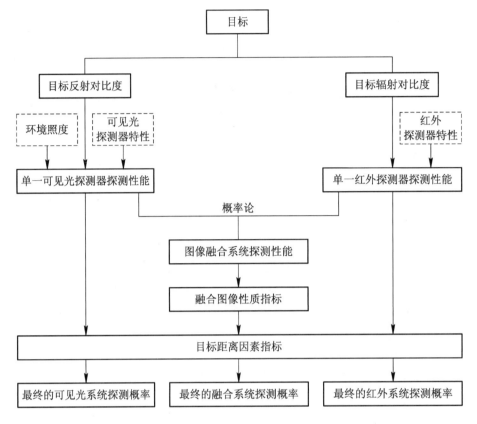

图 3.1 系统目标探测概率计算方法的思路示意图

3.2.1 目标的光谱对比度指标

1. 目标的反射对比度指标

对一定波长间隔 $d\lambda$ 内的入射辐射能通量 P_0 而言，某一分界面在一定温度下的反射辐射能通量 P 与 P_0 之比，称为光谱反射系数 r[7]，即

$$r = \frac{P}{P_0} \tag{3.1}$$

光谱反射系数与波长、温度、分界面种类和光洁度及入射角有关。军事应用中的常见目标（如木、粗糙混凝土和暗绿色涂层）的光谱反射系数[7-8]如图 3.2 所示。

目标的反射辐射光谱分布为每一波长对应的天空的辐射强度与目标反射系数的乘积，即

$$P_\lambda = \Phi(\lambda) \cdot r(\lambda) \tag{3.2}$$

式中，P_λ 是目标的反射辐射光谱分布；$\Phi(\lambda)$ 是天空的辐射强度；$r(\lambda)$ 为目标反射系数。

在白天，天空辐射主要为太阳辐射，它是地球上光辐射的主要来源。而在夜间，天空辐射来自月光或星光辐射。月光来自月球反射太阳光，这是夜间地球表面可见光的主要来源。在晴朗的夜晚，星光在地球表面产生的照度约为 2.2×10^{-4} lx。夜间天空的光谱分布如图 3.3 所示。

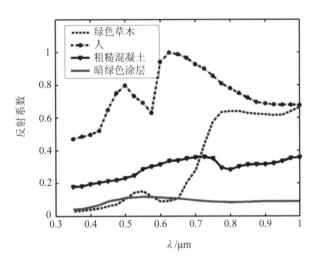

图 3.2　常见军事目标的光谱反射系数

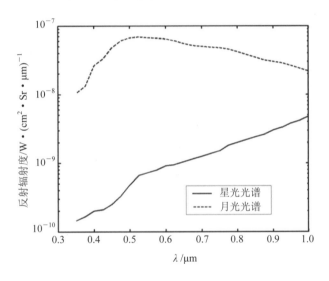

图 3.3　夜间天空光谱分布

　　在可见光波段，目标的反射对比度可以定义为目标与背景光谱分布的比例[9]。另外，具有较大光谱反射率的目标能够更好地吸收天空辐射，从而获得更好的成像效果。定义目标反射对比度 C_{vis} 为

$$C_{vis} = \int_{\lambda_1}^{\lambda_2} \frac{r_t(\lambda) \cdot |P_t(\lambda) - P_b(\lambda)|}{P_b(\lambda)} d\lambda \tag{3.3}$$

式中，$r_t(\lambda)$ 为目标光谱反射率，$P_t(\lambda)$ 与 $P_b(\lambda)$ 分别为目标与背景光谱分布，λ_1 与 λ_2 分别为积分的上下截止波长。在同一场景下，目标与背景处在相同的天空辐射下，结合式(3.2)，式(3.3)可以近似为

$$C_{vis} = \int_{\lambda_1}^{\lambda_2} \frac{r_t(\lambda) \cdot |r_t(\lambda) - r_b(\lambda)|}{r_b(\lambda)} d\lambda \tag{3.4}$$

式中，$r_b(\lambda)$ 为背景的反射率。

2. 目标的辐射对比度指标

目标的辐射特性用普朗克定律描述。普朗克定律应用微观粒子能量不连续的假说——量子概念，并借助空腔和谐振子理论，导出了以波长 $\lambda(\mu m)$ 和温度 $T(K)$ 为变量的黑体辐射出射度公式，即

$$M_b(\lambda) = c_1 \lambda^{-5} \left(e^{\frac{c_2}{\lambda T}} - 1 \right)^{-1} \tag{3.5}$$

式中，$c_1 = 3.741844 \times 10^{-12} \, W \cdot cm^2$，为第一辐射常数；$c_2 = 1.438833 cm \cdot K$，为第二辐射常数。普朗克定律揭示了红外辐射出射度与辐射波长 λ 和温度 T 的关系。

普朗克定律及其导出的公式正确地描述了黑体辐射的基本规律。由于实际物体的红外辐射与表面状态密切相关，因此在使用上述公式时，需要对表面发射率进行修正。定义其光谱辐射出射度 $M(\lambda)$ 与黑体辐射度 $M_b(\lambda)$ 之比为其光谱发射率 ε_λ，即

$$\varepsilon_\lambda = \frac{M(\lambda)}{M_b(\lambda)} \tag{3.6}$$

不同的物体，光谱发射率 ε_λ 不同。实际物体在某一红外波段的辐射出射度 $M(\lambda)$ 为

$$M(\lambda) = \varepsilon_\lambda M_b(\lambda) \tag{3.7}$$

对于红外成像，目标是否能被探测到，取决于目标与其背景的辐射差异。定义目标的辐射对比度 C_{IR} 为

$$C_{IR} = \frac{\int_{\lambda_1}^{\lambda_2} M_t(\lambda) \, dt - \int_{\lambda_1}^{\lambda_2} M_b(\lambda) \, dt}{\int_{\lambda_1}^{\lambda_2} M_b(\lambda) \, dt} \tag{3.8}$$

式中，$M_t(\lambda)$ 为目标的辐射出射度，$M_b(\lambda)$ 为背景的辐射出射度。$M_t(\lambda)$ 通过式(3.5)及式(3.7)计算得出，式(3.5)中的 T 取为目标温度。M_b 由式(3.5)计算得出，式中的 T 为背景温度。

3.2.2 单一探测器的目标探测性能

1. 探测器特性

成像系统的成像特性会因探测器非理想的光电特性而受到限制，这主要体现在光电探测器的光谱响应特性上。光谱响应率用来描述光电器件的灵敏程度，它是器件对单色入射辐射的响应能力。探测器的光谱响应分布与目标的光谱分布的差异，对最终探测器的成像质量有着很大的影响。在这里，利用光谱匹配系数[10-12]来描述可见光和红外探测器的特性，光谱匹配系数定义为

$$\alpha = \frac{\int_{\lambda_1}^{\lambda_2} S(\lambda) P(\lambda) \, d\lambda}{\int_{\lambda_1}^{\lambda_2} P(\lambda) \, d\lambda} \tag{3.9}$$

式中，$S(\lambda)$ 为探测器的归一化光谱响应曲线，即

$$S(\lambda) = \frac{S_\lambda}{S_m} \tag{3.10}$$

式中，S_λ 为探测器的光谱响应率，S_m 为探测器的峰值响应率。$P(\lambda)$ 为目标的归一化光谱分布，即

$$P(\lambda) = \frac{P_\lambda}{P_m} \tag{3.11}$$

式中，P_λ 为目标的光谱分布，P_m 为其光谱分布峰值。对于微光/可见光探测器而言，P_λ 为目标的反射光谱分布，可以由式(3.1)计算得到。而对于红外探测器而言，P_λ 为目标的辐射分布，可以由式(3.7)计算得到。

光谱匹配系数 α 的取值范围为 0 到 1。它能有效地反映光电探测器的光谱响应与目标光谱分布间的匹配程度。α 的值越大，则探测器与目标的匹配越好，成像效果就越好；相反地，α 的值越小，则匹配程度越差。当两者的分布完全不重合时，α 有最小值 0；当两者能够完全重合时(理想状态)，α 有最大值 1。

2. 环境因素

对可见光成像系统，环境的照度因素对最终的成像效果起着重要影响。以微光探测系统为例，同一个系统在满月的夜晚与星光的夜晚两种条件下，成像效果差别较大。通常情况下，环境照度越高，成像效果会越好。所以，为了简化问题，可以定义一个随着环境照度变化的系数 l 来描述环境因素的影响。该系数在不同照度条件下的定义如表 3.1 所示。

表 3.1　照度修正系数

环境条件	星光	其他	月光	微明	黎明	黄昏	阴天	晴天
照度/lx	10^{-3}	10^{-2}	10^{-1}	1	10	10^2	10^3	10^4
l	1	2	3	4	5	6	7	8

3. 单一探测器的探测性能

对于一定的目标而言，单一探测器的探测结果是目标的光谱特性与探测器特性联合作用的结果。对于可见光成像系统，环境照度因素也应考虑。所以，定义单一探测器的探测性能为

对于可见光系统：

$$p_{vis} = \begin{cases} C_{vis} \cdot \alpha_{vis} \cdot l & C_{vis} \cdot \alpha_{vis} \cdot l \leqslant 1 \\ 1 & C_{vis} \cdot \alpha_{vis} \cdot l > 1 \end{cases} \tag{3.12}$$

对于红外系统：

$$p_{IR} = C_{IR} \cdot \alpha_{IR} \tag{3.13}$$

式(3.12)中，C_{vis} 为目标的反射对比度，由式(3.4)计算求得；α_{vis} 为可见光系统与目标的光谱匹配系数，由式(3.9)、(3.10)和(3.11)求得；l 为环境照度修正系数，由表 3.1 得到。

式(3.13)中，C_{IR} 和 α_{IR} 分别为目标的辐射对比度、红外系统与目标的光谱匹配系数。C_{IR} 由式(3.8)计算得出。

对于某一目标，p_{vis} 与 p_{IR} 代表着探测器对该目标的探测性能。p_{vis} 与 p_{IR} 的值越大，说明目标被探测到的可能性越大。特别地，当 p_{vis} 或 p_{IR} 的值达到 1 时，说明目标肯定能够被探测到。相反地，当 p_{vis} 或 p_{IR} 的值为 0 时，说明目标根本不可能被探测到。

由于 p_{vis} 与 p_{IR} 代表着某一探测器对该目标的探测性能，对于图像融合系统而言，还必须考虑融合图像质量的影响。

3.2.3 融合系统目标探测概率计算

1. 基于单一探测器的融合系统探测概率计算

从概率上，目标探测是一个二元决策问题，将信号划分为目标和背景两个部分，或者将目标从背景中分离出来。通常可以用一个二元假设问题表述：目标能够探测到的假设为 H_1，目标不能被探测到的假设为 H_0。当目标被探测器 d_i 探测到时记为 $d_i(H_1)$，目标不能被探测器 d_i 探测到时记为 $d_i(H_0)$，目标被融合系统探测到时记为 $F(H_1)$。在各个探测器独立工作的条件下，多探测器融合后的探测概率可以看作目标被多个探测器探测到的概率的并集，即

$$P(F(H_1)) = P(d_1(H_1) \bigcup d_2(H_1) \bigcup \cdots d_i(H_1)) \tag{3.14}$$

根据式(3.14)可以推出：

$$P(F(H_1)) = 1 - P(d_1(H_0) \bigcap d_2(H_0) \bigcap \cdots \bigcap d_i(H_0)) \tag{3.15}$$

因为 $P(d_i(H_0)) = 1 - P(d_i(H_1))$，且各探测器相互独立，可以推出：

$$P(F(H_1)) = 1 - \prod_{i=1}^{M}(1 - P(d_i(H_1))) \tag{3.16}$$

式中，M 为融合系统中探测器的个数。对于红外与可见光的融合系统，$M=2$，所以融合后的探测概率 p_f 为

$$p_f = 1 - [1 - P(d_{IR}(H_1))] \times [1 - P(d_{vis}(H_1))] \tag{3.17}$$

式中，$P(d_{IR}(H_1))$ 和 $P(d_{vis}(H_1))$ 即为式(3.12)和式(3.13)求得的 p_{IR} 与 p_{vis}。这样，就可以得到基于单一探测器的融合系统探测概率。但是，对于图像融合系统而言，还必须考虑融合图像质量的影响。

2. 融合图像质量因子

与特征级和决策级融合不同的是，对于像素级融合而言，融合质量对最终的探测结果有着明显影响。在目标探测任务中，相对于全局图像，人眼对于图像的局部信息更加敏感，明显的局部对比度能够提高目标探测性。除此之外，目标所在区域越清晰，则目标更加容易被探测到。下面通过设计局部目标对比度指标和局部清晰度指标来描述融合图像质量对探测概率的影响。

1) 局部目标对比度指标

人眼在观察图像的过程中，相比于全局图像，人眼对于图像的局部信息更加敏感。特别是存在潜在目标的区域，会首先吸引人的注意力。在图像中，目标对比度即目标区域与其背景的对比度，其难点在于如何确定目标的背景区域范围。因此，必须首先选取符合人眼视觉系统感知规律的局部区域，才能在此区域内建立局部目标对比度指标。通过对人眼视觉系统的研究可以得知，在观察某一图像时，观察者的视野[13]可以划分为四个区域，即刺激区、近场区、背景区和周围区，其示意图如图 3.4 所示。

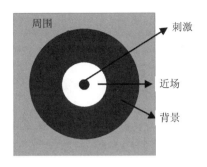

图 3.4　视野结构示意图

　　"刺激"没有确切的定义，在一幅图像中，"刺激"可以是一个像素，或是几个像素组成的区域。"近场"是指与"刺激"相邻的周边圆环，它是从"刺激"各个方向向外大约 2°的视角范围。"刺激"和"近场"共同构成了人眼对亮度变化最敏感的区域，称其为区域 Ω。因此，在融合图像中，可以把目标看作"刺激"，那么该目标的"近场"区域就可以看作背景。在实际应用中，为了简化计算，把区域 Ω 看作矩形而不是圆形，其示意图如图 3.5 所示。

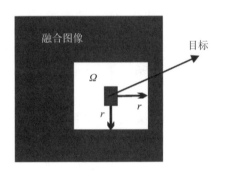

图 3.5　融合图像中目标与其背景区域示意图

　　在图 3.5 中，"近场"区域即为图中白色部分，它与目标区域共同构成了最佳敏感区域 Ω。在该区域中，以目标为中心，"近场"区域边界与目标的距离 r 为

$$r = D\tan\frac{\theta}{2} \tag{3.18}$$

$$N = r\frac{X}{L} \tag{3.19}$$

式中，D 表示观察者与屏幕间的距离；θ 为视场角，在该模型中该视场角即为 2°；r 即为"近场"区域边界与目标的距离，单位是 cm；X 为显示屏的水平分辨率；L 为显示屏的水平尺寸，单位为 cm；N 表示 Ω 区域边界与目标的距离在图像上的距离，以像素为单位表示。

　　得到 N 的大小后，就可以在融合图像上选取某个目标的最佳敏感区域 Ω，从而建立目标对比度指标。在区域 Ω 内，定义局部目标对比度指标 LTC 为

$$\mathrm{LTC} = \sqrt{\frac{\sum\limits_{i,\,j\in\Omega}\left(I(i,\,j)-U\right)^2}{N}} \tag{3.20}$$

式中，$I(i,\,j)$ 表示区域 Ω 内每个像素的灰度值，U 表示区域 Ω 内所有像素的灰度均值，N 为 Ω 区域内的像素个数，即

$$U = \frac{\sum\limits_{i,j \in \Omega} I(i,j)}{N} \tag{3.21}$$

LTC 值越大，表示目标与其背景的灰度值差异越大，从而带来较高的局部目标对比度。

2) 局部清晰度指标

人对清晰度的感受与图像的细节及边缘有关。在时域范围内，图像的清晰度可以通过计算边缘信息量得到。下面采用 3×3 大小的 Sobel 算子提取图像的边缘，每个方向的 Sobel 模板为

$$G_x = \begin{pmatrix} -1 & 0 & 1 \\ -2 & 0 & 2 \\ -1 & 0 & 1 \end{pmatrix}, \quad G_y = \begin{pmatrix} -1 & -2 & -1 \\ 0 & 0 & 0 \\ 1 & 2 & 1 \end{pmatrix} \tag{3.22}$$

该模板窗口在区域 Ω 内遍历每个像素。对于每一个窗口 w，融合图像 I 在 Ω 区域内每个像素 (i,j) 处的梯度为

$$\nabla I(i,j \mid w) = [G_i^2 + G_j^2]^{1/2} \qquad i,j \in \Omega \tag{3.23}$$

这样，定义该区域内像素梯度信息均值为局部清晰度（LSM），即

$$\text{LSM} = \frac{1}{|W|} \sum_{i,j \in \Omega} \nabla I(i,j \mid w) \tag{3.24}$$

式中，$|W|$ 为所有窗口的个数。LSM 的值越大，说明区域 Ω 的清晰度越好，也就是说，在该区域的细节丰富且清晰。

3) 基于局部目标对比度和局部清晰度指标的融合图像质量因子

根据局部目标对比度和局部清晰度指标，可以描述融合图像质量对最终探测概率的影响。在利用融合系统的探测任务中，人们往往很关注源图像与融合图像的差异，以此来验证融合技术的优势。所以，很多融合图像评价算法都通过分析源图像与融合图像的相似性或者差异，来评价融合图像质量的好坏。因此，下面也遵循这种思路来设计融合图像质量因子。具体步骤如下：

第 1 步：对于一个给定的目标，分别在红外图像、可见光图像和融合图像中选择该目标的最佳敏感区域 Ω。在此区域内，分别计算红外图像、可见光图像和融合图像的局部目标对比度指标 LTC 和局部清晰度指标 LSM，分别记为 LTC_{vis}、LTC_{IR}、LTC_{f}，LSM_{vis}、LSM_{IR}、LSM_{f}。

第 2 步：根据式（3.12）和式（3.13）的计算结果，比较红外与可见光单一探测器的探测性能。选择探测性能较高的探测器所成图像作为后面分析的参考图像，该图像的局部目标对比度指标和局部清晰度指标分别记为 LTC_0 和 LSM_0，即

$$\text{LTC}_0 = \begin{cases} \text{LTC}_{\text{vis}} & p_{\text{vis}} \geqslant p_{\text{IR}} \\ \text{LTC}_{\text{IR}} & p_{\text{IR}} > p_{\text{vis}} \end{cases} \tag{3.25}$$

$$\text{LSM}_0 = \begin{cases} \text{LSM}_{\text{vis}} & p_{\text{vis}} \geqslant p_{\text{IR}} \\ \text{LSM}_{\text{IR}} & p_{\text{IR}} > p_{\text{vis}} \end{cases} \tag{3.26}$$

第 3 步：融合图像质量因子 IF_{img} 定义为

$$\text{IF}_{\text{img}} = \sqrt{\frac{\text{LTC}_{\text{f}} \cdot \text{LSM}_{\text{f}}}{\text{LTC}_0 \cdot \text{LSM}_0}} \tag{3.27}$$

需要说明的是，$\mathrm{IF_{img}}$ 可能大于 1，也可能小于 1。当它大于 1 时，说明融合图像比红外和可见光源图像的局部图像质量好，从而有助于提高目标探测概率；反之，当它小于 1 时，说明融合图像局部质量不如源图像，反而会降低融合系统的目标探测概率。所以，$\mathrm{IF_{img}}$ 的值越大，对于目标探测概率的提高程度会越大。

3. 目标距离因子

在目标探测的实际应用中，目标的距离远近对最终的探测效果有着重要影响。较远的距离会以非线性的关系减弱探测效果。即使在同一距离下，不同大小的目标也会有不同的探测效果。这说明在研究系统的探测概率时，应当考虑目标的距离和大小。本节设计了一个距离因子来描述目标距离和大小对探测概率的影响。首先，目标对人眼的张角 φ 定义为

$$\varphi = 3.44 \times \frac{H}{R} \tag{3.28}$$

式中，H 为目标的高度，R 为目标距离。这里需要说明的是，H 的单位为 m，而 R 的单位为 km。设计目标距离因子 σ 为

$$\sigma = \begin{cases} 0.02 \times (10^{(\lg\varphi+0.5)^{-1}-2})^{-1} & \sigma \leqslant 1 \\ 1 & \text{其他} \end{cases} \tag{3.29}$$

对于不同大小的目标，其 σ 值与目标距离的关系如图 3.6 所示。从图中可以看出，该因子随着距离的增加而减小。在相同距离的情况下，目标越大，则该距离因子越大。

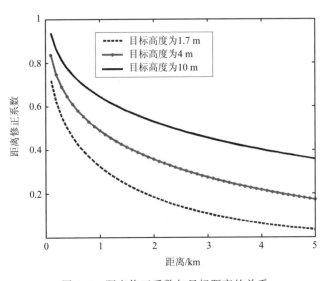

图 3.6　距离修正系数与目标距离的关系

4. 融合系统的目标探测概率

融合系统的目标探测概率可以看成基于物理特性的探测概率、目标距离和融合图像综合作用的结果。其中，基于物理特性的探测概率（即 3.2.3 节中）计算得到的基于单一探测器的融合系统探测概率 p_{f}。融合图像和目标距离的影响通过 3.2.3 节的融合图像质量因子 $\mathrm{IF_{img}}$ 及 3.2.3 节的目标距离因子 σ 计算得到。假设这三个因素对最终的融合系统目标探测概率的影响是相等的，那么，定义融合系统最终的目标探测概率为

$$P_{\mathrm{f}} = \begin{cases} p_{\mathrm{f}} \cdot \sigma \cdot \mathrm{IF_{img}} & P_{\mathrm{f}} \leqslant 1 \\ 1 & \text{其他} \end{cases} \tag{3.30}$$

在计算最终的单一探测器探测性能时也引入目标距离因子，则最终的可见光与红外单一探测器的目标探测概率分别为

$$P_{vis} = p_{vis} \cdot \sigma \tag{3.31}$$
$$P_{IR} = p_{IR} \cdot \sigma \tag{3.32}$$

这样，就得到了红外及可见光单一探测器和融合系统对不同目标的探测概率。

3.3 目标探测概率实验与分析

为了验证提出方法的有效性，下面设计了两个不同场景、不同环境条件下的实验。实验目的在于利用提出的方法计算融合探测系统对不同目标的探测概率，通过与主观感知实验结果的比较，验证该方法的有效性。实验中使用的融合探测系统是第2章介绍的本课题组研制的融合系统。每个实验包括：首先介绍实验环境，然后计算目标与探测系统的光谱匹配系数，最后，采用不同的融合算法对红外与可见光图像进行融合，并根据融合结果，计算不同融合算法下融合系统对不同目标的探测概率。红外与可见光图像均由本课题组研制的融合系统获得，采用六种不同的融合算法对红外与微光图像进行融合。这6种融合算法分别是(注：方法(2)和方法(4)在融合系统中实现，其余算法都在计算机仿真平台上实现)：

(1) 对比度金字塔融合(CP)，具体算法步骤参考文献[14]；

(2) 加权平均融合(AVE)，具体算法步骤参考文献[15]；

(3) 拉普拉斯金字塔融合(LP)，具体算法步骤参考文献[15]；

(4) 取大法融合(CM)，其算法为

$$F(i, j) = \max(I_{vis}(i, j), I_{IR}(i, j)) \tag{3.33}$$

式中，$F(i, j)$ 为融合后的图像，$I_{vis}(i, j)$ 为可见光图像，$I_{IR}(i, j)$ 为红外图像。

(5) 小波融合(WAV)，具体算法步骤参考文献[15]；

(6) 基于目标增强的融合(TEF)，具体算法步骤参考文献[16]。

得到了计算结果后，为了说明该结果的有效性，设计了主观感知实验进行验证。该主观实验的过程为：总共有11名观察者参加了这项实验，他们观察可见光图像、红外图像以及采用上述6种融合算法得到的融合图像，这些图像均为静态图像；然后他们被要求主观地评价每幅图像中不同目标被探测到的可能性，并用数字"0"到"4"定量表示目标被探测到的可能性大小，其具体定义如表3.2所示。

表3.2　主观感知实验度量分数

分　数	0	1	2	3	4
被探测到的可能性	完全不可能被探测到	不容易被探测到	可以被探测到	容易被探测到	非常容易被探测到

假设每个观察者给出的分数为 $S_i (i = 1, 2, \cdots, 11)$，则定义主观评价某一目标的探测概率为

$$P_{sub} = \frac{\sum_{i=1}^{11} S_i}{100} \tag{3.34}$$

使用相关系数来比较一组计算值与主观实验值的一致性。"相关系数"可以在 MATLAB 仿真软件中使用函数"corr2"求得。相关系数越大,则说明计算值与主观实验值一致性越高。

需要说明的是,提出的这种目标探测概率计算方法的结果不可能与主观评价结果完全一致,所以这里是对两者相对趋势的一致性进行比较。

3.3.1　夜间满月实验

1. 实验环境和场景

该实验在春末夏初的某个满月的晚上进行,观察场景为小花园,环境温度大约为 15℃ (288K)。该场景的主要目标包括树木、喷泉,同时还有一个人躲在树丛后面。可见光探测系统与红外探测系统成像结果分别如图 3.7 和图 3.8 所示。从图中可以看出,可见光探测系统无法探测到树丛背后的人,而红外探测系统可以明显地探测到人。目标的基本参数如表 3.3 所示。

图 3.7　可见光图像　　　　　　　　　　图 3.8　红外图像

表 3.3　目标的基本参数

参数	人	树木	喷泉
高度/m	1.7	4	4
距离/km	0.04	0.04	0.039
温度/K	310	298	300
表面发射率	0.98	0.98	0.97

2. 光谱对比度计算

由于藏在树后的人不能被可见光探测系统探测到,因此可见光探测器接收到这个目标的光谱分布可以看作零。需要注意的是,喷泉这个目标的反射光谱分布实际上是它表面涂的白色涂漆的光谱分布。在计算目标的反射对比度时，树和喷泉的背景都是天空。它们的反射对比度通过公式(3.4)计算，其中，积分范围为 $0.35 \sim 0.9~\mu m$。

在计算目标的辐射对比度时，所有目标的背景都是温度为 288K 的环境。它们的反射对比度通过公式(3.8)计算，其中，积分范围为 $8 \sim 14~\mu m$。

3. 光谱匹配系数计算

对于可见光探测系统而言，目标主要为树和喷泉；而对红外探测系统而言，目标为树、喷泉以及人。在计算探测器与目标之间的光谱匹配系数时，可见光探测器的归一化光谱灵敏度和目标归一化光谱分布如图 3.9 所示；红外探测器的归一化光谱灵敏度和目标归一化光谱分布如图 3.10 所示。然后根据式(3.9)、式(3.10)和式(3.11)即可计算出单一探测器与每个目标的光谱匹配系数。

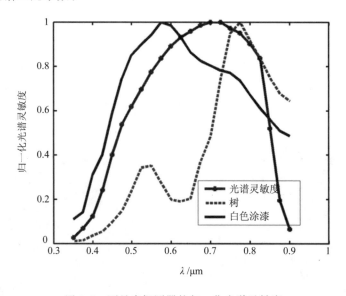

图 3.9　可见光探测器的归一化光谱灵敏度

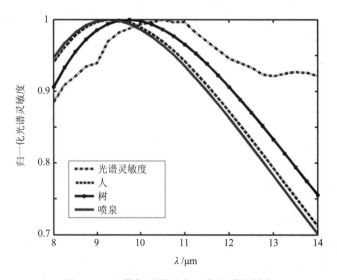

图 3.10　红外探测器的归一化光谱灵敏度

4. 融合图像质量因子计算

有六种融合算法应用在实验中，用来评估不同融合算法下融合系统的目标探测概率。源图像图 3.7 和图 3.8 的融合图像如图 3.11 所示。

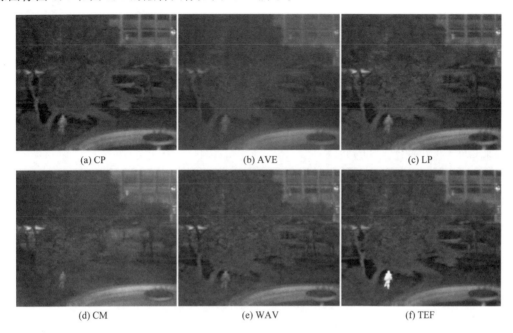

        (a) CP   (b) AVE   (c) LP

        (d) CM   (e) WAV   (f) TEF

图 3.11　融合图像结果

为了计算局部目标对比度和局部清晰度，首先要选择目标的最佳敏感区域 Ω。根据实际实验条件可知，使用的 19″LCD 显示屏分辨率为 1440×900。在一般情况下，观察显示器的距离为 50 cm。根据式(3.18)和式(3.19)，可以计算得到每个目标的区域 Ω 是一个以目标为中心的矩形，其边界离目标的距离为 30 个像素。在融合图像中得到了每个目标的最优敏感区域，以对比度金字塔融合图像为例，每个目标的区域 Ω 为红色方框内的部分，如图 3.12 所示。

        (a) 人   (b) 树   (c) 喷泉

图 3.12　目标的最佳敏感区域

5. 实验结果

每个目标的反射对比度 C_{vis}、可见光探测器与目标的光谱匹配系数 α_{vis}、环境照度修正系数 l、可见光探测器的探测性能 p_{vis}、目标距离因子 σ 和最终可见光探测器对每个目标的探测概率 P_{vis} 的计算结果如表 3.4 所示。

表 3.4 可见光探测系统目标探测概率计算结果

目标	C_{vis}	α_{vis}	l	p_{vis}	σ	P_{vis}
人	0	0	3	0	0.8429	0
树	0.1407	0.7455	3	0.3147	0.9369	0.2948
喷泉	0.2006	0.7384	3	0.4444	0.9395	0.4175

同样，每个目标的辐射对比度 C_{IR}、红外探测器与目标的光谱匹配系数 α_{IR}、红外探测器的探测性能 p_{IR}、目标距离因子 σ 和最终红外探测器对每个目标的探测概率 P_{IR} 的计算结果如表 3.5 所示。

表 3.5 红外探测系统目标探测概率计算结果

目标	C_{IR}	α_{IR}	p_{IR}	σ	P_{IR}
人	0.4022	0.9573	0.3773	0.8429	0.3180
树	0.1547	0.9575	0.1452	0.9369	0.1360
喷泉	0.2093	0.9574	0.1944	0.9395	0.1826

基于单一探测器的融合系统探测概率 p_f 和采用不同算法的融合图像质量因子 IF_{img} 的计算结果如表 3.6 所示。

表 3.6 融合系统探测概率计算结果

目标	p_f	IF_{img}					
		CP	AVE	LP	CM	WAV	TEF
人	0.3773	1.1842	0.6018	1.0610	0.6801	0.9413	1.8141
树	0.4142	1.0124	0.5588	0.9644	0.7976	0.9177	1.0123
喷泉	0.5524	0.9128	0.6284	0.9171	0.7862	0.8193	0.9040

单一探测器与采用不同融合算法的融合系统对不同目标的最终探测概率 P_f 如图 3.13 所示。横坐标代表的是对比度金字塔融合（CP）、加权融合（AVE）、拉普拉斯融合（LP）、取大融合（CM）、小波融合（WAV）和目标增强融合（TEF）融合系统。

下面通过探测概率计算值和主观实验结果的相关系数来验证该方法的有效性。相关系数越高，说明该方法的计算值与主观结果越接近，则说明该方法越有效。从横向和纵向两个方面来比较：横向比较指的是比较不同探测系统对同一个目标探测概率的计算值与实验值；纵向比较指的是比较同一个探测系统对不同目标探测概率的计算值与实验值。横向比较结果如图 3.14 所示，纵向比较结果如图 3.15 所示。

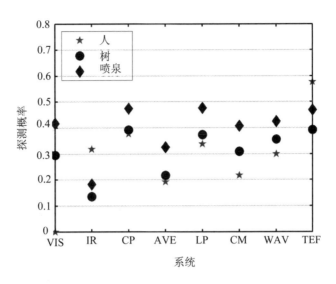

图 3.13　单一探测器与融合系统的最终目标探测概率

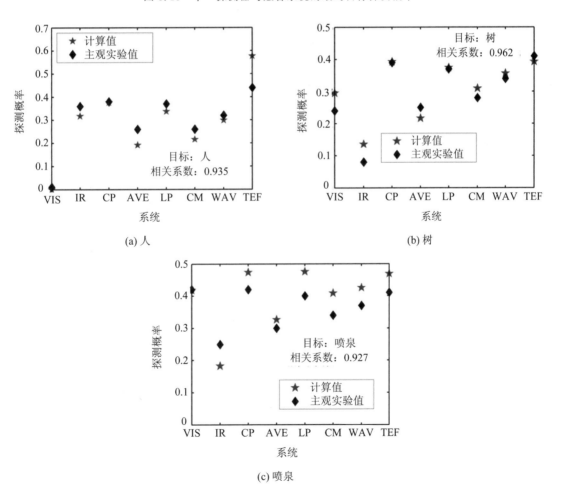

图 3.14　不同探测系统对同一个目标探测概率的计算值与实验值比较结果

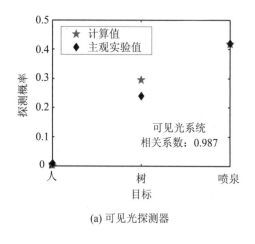
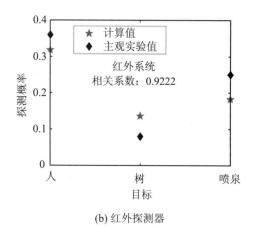

(a) 可见光探测器　　　　　　　　　　　　(b) 红外探测器

图 3.15　同一个探测系统对不同目标探测概率的计算值与实验值比较结果

相关系数的范围为 0 到 1，它的值越接近 1，则说明算法的计算值与主观实验值越接近。从图 3.14 中可以看出，不同探测系统对人、树、喷泉的探测概率计算值与实验值的相关系数分别是 0.935、0.962 和 0.927。这说明该算法的结果与主观感知结果在横向上是吻合的。

通过横向比较，可以发现不同的融合算法会导致不同的目标探测概率。通常，人们认为图像融合技术是提高目标探测性能的有效手段，然而图 3.14 中的结果表明对于场景中的某些目标，有的融合方法不仅没有提高目标探测概率，反而使得目标探测概率下降。以人这个目标为例，采用加权融合、取大融合和小波融合算法的融合系统的目标探测概率均比单一红外探测系统目标探测概率要小，这说明采用这三种融合算法的融合系统反而降低了单一探测系统对人这个目标的探测性能。究其原因，主要是因为这三种融合图像对于人这个目标的图像质量因子 IF_{img} 均小于 1，说明这些图像中的目标探测性比红外图像要差。值得注意的是，采用目标增强融合算法的融合系统时，目标探测概率远远高于其他系统，这是由于该融合算法基于目标提取并且致力于突出目标，最终的探测概率计算结果也验证了该方法提高目标探测概率的可行性。另外，对于采用小波融合算法的融合系统，其对喷泉和树的探测概率都高于可见光和红外系统，但是对人的探测概率就低于红外系统，这说明即使采用相同算法的融合系统，对于不同的目标也会有不同的探测效果。总之，该实验结果证明了融合图像质量的确对融合系统目标探测概率起着重要作用。

如图 3.15 所示，可见光探测系统对不同目标探测概率的计算值与实验值的相关系数为 0.987；红外探测系统对不同目标探测概率的计算值与实验值的相关系数为 0.9222。这说明该算法与主观感知结果在纵向上也是吻合的。从图中可以发现，相同的探测系统对于不同的目标会有不同的探测概率，这是目标自身的光谱特性造成的。以可见光探测系统为例，它对于喷泉的探测概率比对树的要高，就是因为喷泉的反射对比度较高。在红外探测系统中，它对人的探测概率最高，是因为人具有最大的辐射对比度。所以，实验结果证明目标自身的光谱特性的确对目标探测概率起着重要影响。

3.3.2 星光夜间实验

1. 实验环境和场景

第二个实验在星光夜间条件下的野外进行，实验时间为三月份，周围温度约为 8℃ (281K)。为了呈现典型的军事场景，一个人趴在草地中，使得可见光探测器无法探测到他；一辆覆有绿色涂层的军用车辆停在树前面；另外，周围还有树木和小混凝土堆。该场景的可见光图像与红外图像分别如图 3.16 和图 3.17 所示。主要目标为人、混凝土堆、树和车辆，各个目标的基本参数如表 3.7 所示。

图 3.16　可见光图像　　　　　　　图 3.17　红外图像

表 3.7　目标的基本参数

参数	人	混凝土	树	车辆
大小/m	0.4	1	4	1.5
距离/km	0.2	0.22	0.2	0.2
温度/K	310	291	287	293
表面发射率	0.98	0.92	0.98	0.97

2. 光谱对比度计算

由于趴在草丛中的人不能被可见光探测系统探测到，因此可见光探测器接收到人这个目标的光谱分布可以看作零。在计算车辆的光谱反射对比度时，其反射光谱实际为它覆盖的绿色涂层的光谱分布。另外，在计算目标的光谱反射对比度时，树木和混凝土堆的背景均为天空，而车辆的背景应当看作树。它们的反射对比度通过公式(3.4)计算，其中，积分范围为 $0.35\sim0.9~\mu m$。

在计算目标的辐射对比度时，所有目标的背景都当作温度为 281K 的环境。反射对比度通过公式(3.8)计算，其中积分范围为 $8\sim14~\mu m$。

3. 光谱匹配系数计算

下面对每个目标与探测系统之间的光谱匹配系数进行计算。对于可见光探测系统而言，目标主要为混凝土堆、树和车辆；而对红外探测系统而言，目标为混凝土堆、树、车辆和人。在计算探测器与目标间的光谱匹配系数时，可见光探测器的归一化光谱灵敏度和目标归一化光谱分布如图 3.18 所示；红外探测器的归一化光谱灵敏度和目标归一化光谱分布如图 3.19 所示。然后根据式(3.9)，式(3.10)和式(3.11)即可计算出单一探测器与每个目标的光谱匹配系数。

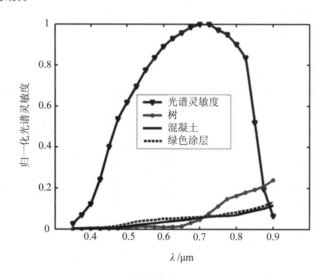

图 3.18　可见光探测器的归一化光谱灵敏度

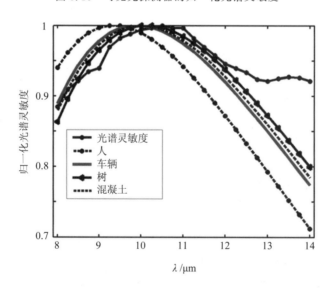

图 3.19　红外探测器的归一化光谱灵敏度

4. 计算融合图像质量因子

与实验一相同，将六种融合算法应用在实验中。源图像采用图 3.16 和图 3.17，融合图像如图 3.20 所示。

局部目标对比度和局部清晰度计算，同实验一一样选择最佳敏感区域 Ω。以对比度金字塔融合图像为例，每个目标的 Ω 区域为红色方框内的部分，如图 3.21 所示。

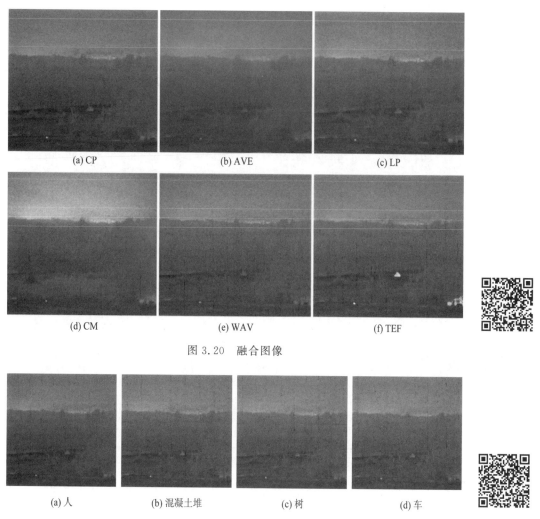

图 3.20　融合图像

图 3.21　每个目标的最佳敏感区域

5. 实验结果

每个目标的反射对比度 C_{vis}、可见光探测器与目标的光谱匹配系数 α_{vis}、环境照度修正系数 l、可见光探测器的探测性能 p_{vis}、目标距离因子 σ 和最终可见光探测器对每个目标的探测概率 P_{vis} 的计算结果如表 3.8 所示。

表 3.8　可见光探测系统目标探测概率计算结果

目标	C_{vis}	α_{vis}	l	p_{vis}	σ	P_{vis}
人	0	0	1	0	0.3576	0
混凝土	0.1996	0.6807	1	0.1359	0.5138	0.0698
树	0.1407	0.6214	1	0.0874	0.7469	0.0653
车辆	0.0821	0.6820	1	0.0560	0.5997	0.0336

同样的，每个目标的辐射对比度 C_{IR}、红外探测器与目标的光谱匹配系数 α_{IR}、红外探测器的探测性能 p_{IR}、目标距离因子 σ 和最终红外探测器对每个目标的探测概率 P_{IR} 的计算结果如表 3.9 所示。

表 3.9 红外探测系统目标探测概率计算结果

目标	C_{IR}	α_{IR}	p_{IR}	σ	P_{IR}
人	0.5774	0.9573	0.5417	0.3576	0.1937
混凝土	0.1813	0.9577	0.1597	0.5138	0.0821
树	0.1066	0.9678	0.1032	0.7469	0.0771
车辆	0.2198	0.9577	0.2042	0.5997	0.1225

基于单一探测器的融合系统探测概率 p_f 和采用不同算法的融合图像质量因子 IF_{img} 的计算结果如表 3.10 所示。

表 3.10 融合系统探测概率计算结果

目标	p_f	IF_{img}					
		CP	AVE	LP	CM	WAV	TEF
人	0.5417	1.7403	0.9546	1.6934	1.5674	1.6880	2.2688
混凝土	0.2739	1.6119	0.8518	1.4691	0.8011	1.4031	3.5404
树	0.1816	1.0447	0.9797	1.0477	1.0155	1.0218	1.1958
车辆	0.2488	1.3524	0.9976	1.4140	1.4492	1.1694	3.0361

单一探测器与采用不同融合算法的融合系统对不同目标的最终探测概率 P_f 如图 3.22 所示。横坐标表示的是可见光(VIS)探测系统、红外(IR)探测系统以及采用对比度金字塔融合(CP)的融合系统、采用加权融合(AVE)的融合系统、采用拉普拉斯融合(LP)的融合系统、采用取大融合(CM)的融合系统、采用小波融合(WAV)的融合系统和采用目标增强融合(TEF)方法的融合系统。

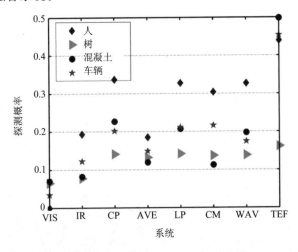

图 3.22 单一探测器与融合系统的最终目标探测概率

　　和实验一相同，从横向和纵向两个方面来比较目标探测概率的计算值与实验值。横向比较结果如图 3.23 所示，纵向比较结果如图 3.24 所示。

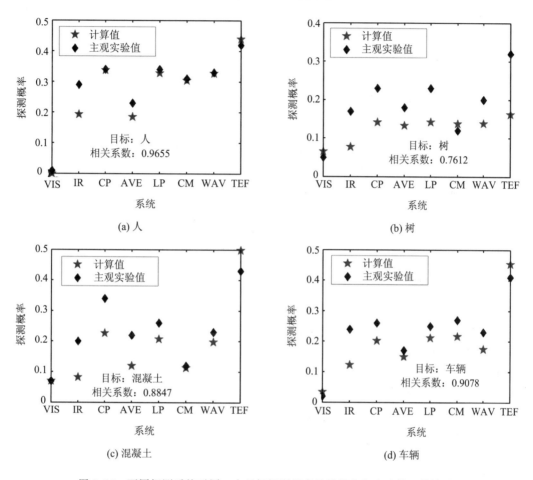

图 3.23　不同探测系统对同一个目标探测概率的计算值与实验值比较结果

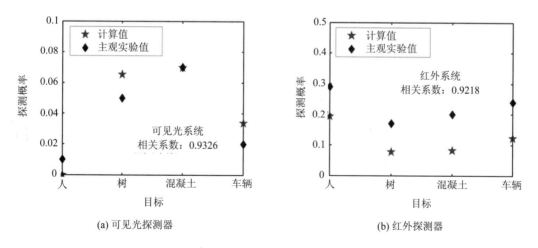

图 3.24　同一探测系统对不同目标探测概率的计算值与实验值比较结果

从图 3.23 和图 3.24 中可以看出，根据提出的方法计算得到的不同探测系统对"树"的探测概率计算值与主观实验值的相关系数偏低，除此之外，该方法得到的探测概率计算值与主观实验值在横向和纵向均能较好地吻合，验证了该算法的有效性。

对于"树"这个目标，计算值与实验值在横向比较时不够吻合的主要原因是"树"这个目标在不同融合算法下的融合图像质量因子几乎一样，如表 3.10 中所示，分别是对比度金字塔融合时为 1.0447，加权融合时为 0.9797，拉普拉斯融合时为 1.0477，取大融合时为 1.0155，小波融合时为 1.0218，目标增强融合时为 1.1958。使得最终各个系统的目标探测概率没有区分度，从而与主观感知结果不太一致。究其原因，主要是因为在计算"树"这个目标的融合图像质量因子时，由于树的形状不规则，造成选取的最佳敏感区域不十分准确，从而导致该目标的融合图像质量因子计算结果不准确。

3.3.3　结果分析与讨论

比较 3.3.1 夜间满月实验(实验一)和 3.3.2 星光夜间实验(实验二)可以发现，实验一中的目标探测概率主要分布在 0.2~0.5 的范围内，而实验二中的目标探测概率主要分布在 0.1~0.3 的范围内。说明实验二中的融合系统的目标探测效果较差，其根本原因是：

(1) 实验二的环境照度比实验一中的低，这使得实验二中的照度修正系数比实验一的小。

(2) 比较表 3.4 和表 3.8 可以发现，实验二中可见光探测系统对目标的光谱匹配系数普遍比实验一中的低。这是因为该系统的光谱灵敏度与在月光条件下的目标的光谱分布更加匹配。

(3) 目标自身的距离和大小起着重要作用。以实验二中"人"这个目标为例，比较表 3.5 和表 3.9 可以发现，实验二中"人"这个目标的辐射对比度高于实验一中"人"的辐射对比度，但是实验二中该目标最终的探测概率依旧比实验一中的低。这主要是因为实验二中该目标的距离较远，除此之外，实验二中的人是趴在草丛中的，只有头部能被红外系统探测到，所以该目标的大小比实验一的小，从而导致目标距离因子较小，使得其最终的探测概率小于实验一中的结果。

通过以上分析可以证明，环境照度条件、探测器特性以及目标自身距离和大小因素的确对图像融合系统的目标探测概率有着显著影响。

有趣的是，虽然实验二中各个探测系统对目标的探测概率平均值小于实验一中的结果，但是实验二中融合系统对目标探测概率的提高程度要高于实验一。

在实验一中，单一红外系统对"人"这个目标的探测概率是 0.318，采用对比度金字塔融合、拉普拉斯融合和目标增强融合的融合系统，对目标探测概率的提高程度分别是 18.4%、6.1% 和 81.4%。单一可见光系统对"树"这个目标的探测概率是 0.2948，采用对比度金字塔融合、拉普拉斯融合和目标增强融合的融合系统，对目标探测概率的提高程度分别是 33.3%、26.9% 和 33.2%。

而在实验二中，单一红外系统对"人"这个目标的探测概率为 0.1937。采用对比度金字塔融合、拉普拉斯融合和目标增强融合的融合系统，对目标探测概率的提高程度分别是 74%、69.3% 和 126.9%。单一红外系统对"树"这个目标的探测概率为 0.0771，采用对比度金字塔融合、拉普拉斯融合和目标增强融合的融合系统，对目标探测概率的提高程度分别是 83.8%，84.3% 和 110.4%。

由此，可以看出，当单一传感器对目标的探测效果较差时，图像融合系统可以大大提高目标的探测概率。而当单一传感器本身的成像质量已经较好时，融合技术对于目标探测概率的提高程度有限。

需要说明的是，提出的这种方法的主要用途是评估融合系统相对于单一探测系统的探测性能，以及不同融合算法对融合系统的影响。它评估的是目标被融合系统探测到的明显程度。所以该方法中考虑的各种因素，均为简化的模型，其结果是对同一场景下相对目标探测概率的评估。

本章参考文献

[1] MEITZLER T J, KISTNER R W, PIBIL W T, et al. Computing the probability of target detection in dynamic visual scenes containing clutter using fuzzy logic approach[J]. Optical Engineering, 1998, 37 (7): 1951-1959.

[2] BRENDLEY K W, KLAGER G. Methods for calculating the probability of detection and target location error of unattended ground sensors[C]. Proceedings of SPIE, 2007, 6578: 65780K.

[3] ROTMAN S R, GORDON E S, KOWALCZYK M L. Modeling human search and target acquisition performance: Ⅲ. Target detection in the presence of obscurants[J]. Optical Engineering, 1991, 30 (6): 824-829.

[4] MEITZLER T J, SINGH H, AREFEH L, et al. Predicting the probability of target detection in static infrared and visual scenes using the fuzzy logic approach[J]. Optical Engineering, 1998, 37(1): 10-17.

[5] FEDDEMA J T, SPLETZER B L. Probability of detection for cooperative sensor systems[C]. Proceedings of SPIE, 1999, 3713: 207-217.

[6] LANIR J, MALTZ M, ROTMAN S R. Comparing multispectral image fusion methods for a target detection task[J]. Optical Engineering, 2007, 46(6): 066402.

[7] 刘磊. 激光助视/微光夜视系统视距评估研究[D]. 南京: 南京理工大学, 2005.

[8] 李蔚, 常本康. 夜天光下景物反射光谱特性的研究[J]. 兵工学报, 2000, 21(2): 177-179.

[9] YUAN H, CHANG B K, ZHANG J J, et al. Real-time implementation of visible and infrared image fusion and new measure based on spectral information[C]. Proceedings of SPIE, 2009, 7383: 73830S.

[10] LIU L, CHANG B K. Spectral matching factors between super S25 and new S25 photo cathodes and reflective radiation of objects[J]. Applied Optics, 2004, 43(3): 616-619.

[11] LI W, CHANG B K. Spectral matching factors between GaAs and multialkali photocathodes and reflective radiation of objects[J]. Optical Engineering, 2001, 40(5): 674-678.

[12] 李蔚, 宗志园, 常本康. S25 光电阴极与景物反射光谱的光谱匹配系数[J]. 光学学报, 2000, 20 (2): 279-282.

[13] FAIRCHILD M D. Color Appearance Models[M]. U. S. A: Addison Wesley Inc, 1998.

[14] 刘贵喜, 杨万海. 基于多尺度对比度塔的图像融合方法及性能评价[J]. 光学学报, 2001, 21(11): 1336-1342.

[15] SMITH M I, HEATHER J P. Review of image fusion technology in 2005[C]. Proceedings of SPIE, 2005, 5782: 29-45.

[16] 张俊举. 基于动态目标检测的图像融合方法. 中国, CN200910034678.0[P], 2009.

第4章 增强目标及视觉对比度的彩色图像融合

4.1 彩色融合算法概述

灰度图像中每个像素都是灰度信息，从一幅灰度图像中，人眼只能分辨出大约100个灰度级，可能导致观察者无法正确地判断目标特征，同时，图像中对比度差的部分也容易被忽略。为了提高融合图像中的目标探测性和场景理解能力，彩色融合技术开始受到人们的关注。颜色在人眼视觉系统中起着重要作用，人眼能分辨的颜色等级是灰度等级的几百倍，因此彩色图像比灰度图像具有更高的动态范围。人眼能分辨出几千种颜色，观察者能从颜色的区别上很容易地判断目标特征，快速分割场景。即使在灰度图像中对比度差而容易被忽视的部分，在彩色图像中也可以呈现出不同的颜色，而不会被观察者忽略。大量视觉实验表明，彩色融合图像的确能够帮助观察者增强对场景的理解，以及实现对目标的探测、研究和分类等。

近年来，彩色融合技术已经受到越来越多的关注，大量新的假彩色融合算法被应用在可见光与红外图像融合中。由于伪彩色编码和直接空间映射得到的彩色图像色调与人眼通常的感知不一致，长时间观察会导致视觉疲劳，并降低观察者对场景的意识，因此，适于人眼感知的自然感图像成为彩色融合技术中的重点研究内容。

2003年，荷兰 TNO 人力因素实验室的 Toet 等人[1]将 Reinhard E 提出的校正自然光图像的色彩传递方法[2]应用到多波段夜视图像融合中，将一幅自然场景彩色图像的色调传递到彩色夜视图像，获得了与参考图像类似的自然感色彩。由于基于色彩传递的彩色融合算法能够使融合图像具有自然的日光色彩效果，保持良好的颜色恒常性，因此该技术很快得到了图像融合领域众多学者的重视，各种基于色彩传递的改进算法不断被提出，它们的主要思路都是：

（1）构建源彩色融合图像。大多数基于色彩传递的改进算法都是在这一步有所改进，除了常用的直接通道映射方法外，还可以采用多分辨融合算法、小波融合算法、基于视觉特性的融合算法等来构建源彩色融合图像。

（2）将源图像和参考图像转换到合适的色彩空间。除了 Toet 采用的 Lαβ 空间以外，基于 YCBCR 空间、YUV 空间、HSV 空间的色彩传递算法也陆续被提出。

（3）进行颜色统计量匹配，将参考图像的颜色统计传递到源图像。

（4）将调整后的源图像数据由该色彩空间转换回 RGB 空间，得到最终的彩色融合图像。

但是，由于在色彩传递算法中，色彩空间中三个通道的色彩传递是基于相同的线性变换，使得最终融合图像的对比度较差。这一方面使得融合图像的场景看上去比较模糊，另一方面也使得图像中的目标和背景有相近的颜色，使得目标在图像中不够突出。另有学者提出了基于对比度增强的可见光和红外融合算法，其基本思想是在某个色彩通道传递过程中引入一个自适应系数，使最终的融合图像色彩对比度增强。然而，这种方法的缺陷是得到的图像往往在某些区域的色彩会失真，无法保证色彩的恒常性，给人观察场景带来一定的不适。

基于以上问题，本书提出了一种增强目标和视觉对比度的彩色融合方法，目的在于提高图像中的目标探测性，并且在保证图像色彩自然性的基础上提高图像的视觉对比度，从而更有利于目标探测和场景理解。其主要思路为：首先提出了一种基于二次聚类的目标提取算法，可有效地提取出目标；然后，提出了一种基于 Retinex 理论和人眼视觉系统模型的对比度增强算法，在 YUV 空间下对背景部分的 Y 通道分量进行增强，对背景部分的 U 通道和 V 通道采用经典的色彩传递，对目标部分进行基于 YUV 空间的目标增强；最后，把图像转换到 RGB 空间，得到最终的彩色融合图像。

4.2　YUV 空间的色彩传递

YUV 是被欧洲电视系统所采用的一种颜色编码方法，常用于视频信号处理传输，其作用是描述图像色彩和饱和度，用于指定像素的颜色。其中，Y 表示明亮度，U、V 表示的是色度，U 为蓝色色差信号，V 为红色色差信号。

YUV 空间下的色彩传递融合算法流程如图 4.1 所示。首先对可见光与红外源图像采用一定的算法构建源彩色融合图像，然后在 YUV 空间下采用色彩传递方法得到最终的具有自然色彩的彩色融合图像。

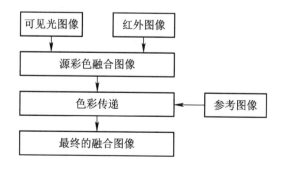

图 4.1　色彩传递融合算法流程框图

RGB 空间到 YUV 空间的变换关系为[3]

$$\begin{bmatrix} Y \\ U \\ V \end{bmatrix} = \begin{bmatrix} 0.299 & 0.587 & 0.114 \\ -0.1471 & -0.2888 & 0.4359 \\ 0.6148 & -0.5148 & -0.1000 \end{bmatrix} \begin{bmatrix} R \\ G \\ B \end{bmatrix} \qquad (4.1)$$

在 YUV 空间下通过下列映射得到源彩色融合图像为

$$\begin{cases} Y = IR \\ U = Vis \\ V = Vis \end{cases} \qquad (4.2)$$

其中，IR 和 Vis 分别表示红外图像和可见光图像。接下来，选择合适的参考图像，使得源融合图像与参考图像在每个色彩通道都具有相同的均值和方差，即

$$\begin{cases} Y_{\mathrm{F}} = \dfrac{\sigma_{\mathrm{ref}}^{\mathrm{Y}}}{\sigma_{\mathrm{s}}^{\mathrm{Y}}} (Y_s - \mu_s^{\mathrm{Y}}) + \mu_{\mathrm{ref}}^{\mathrm{Y}} \\[2mm] U_{\mathrm{F}} = \dfrac{\sigma_{\mathrm{ref}}^{\mathrm{U}}}{\sigma_{\mathrm{s}}^{\mathrm{U}}} (U_s - \mu_s^{\mathrm{U}}) + \mu_{\mathrm{ref}}^{\mathrm{U}} \\[2mm] V_{\mathrm{F}} = \dfrac{\sigma_{\mathrm{ref}}^{\mathrm{V}}}{\sigma_{\mathrm{s}}^{\mathrm{V}}} (V_s - \mu_s^{\mathrm{V}}) + \mu_{\mathrm{ref}}^{\mathrm{V}} \end{cases} \qquad (4.3)$$

式中，σ 表示图像相应色彩通道的标准方差，μ 表示图像相应通道的均值，上标 Y、U、V 表示相应的三个通道，下标 F、ref 和 s 分别表示最终的融合图像、参考图像和原彩色融合图像。这样，得到的融合图像就在 YUV 空间拥有了和参考图像一样的均值和方差。最后，将其变换到 RGB 空间，即：

$$\begin{bmatrix} R \\ G \\ B \end{bmatrix} = \begin{bmatrix} 1.0000 & 0.0000 & 1.1403 \\ 1.0000 & -0.3947 & -0.5808 \\ 1.0000 & 2.0325 & 0.0000 \end{bmatrix} \begin{bmatrix} Y \\ U \\ V \end{bmatrix} \qquad (4.4)$$

得到色彩与参考图像相近的彩色融合图像。

4.3 增强目标及视觉对比度的彩色融合算法

　　为弥补现有的彩色融合算法存在的图像对比度低、目标不突出的缺陷，本书提出了一种增强目标及视觉对比度的彩色融合算法。该算法可以使得图像的对比度符合人眼视觉感知，更有利于场景理解；另外，也可以突出目标，更有利于目标探测识别。为了增强目标，首先设计了一种有效的目标提取算法，把目标从图像中提取出来，然后在 YUV 空间下进行增强。为了提高图像的视觉对比度，采用基于 Retinex 算法[4-6]的图像增强方法。现有的基于 Retinex 理论的彩色图像增强算法得到的彩色图像往往会出现色彩失真等缺陷，为了保证最终的彩色融合图像的自然性和恒常性，只对彩色图像在 YUV 空间下的 Y 通道进行 Retinex 增强。和现有的 Retinex 增强不同的是，在增强过程中引入人眼视觉系统（HVS）模型，使得彩色融合图像的对比度更符合人眼视觉感知。为了使融合图像获得自然的色彩，

在 YUV 空间下的 U 通道和 V 通道进行色彩传递。这样,最终得到的彩色融合图像具有自然的色彩、符合人眼感知的对比度以及突出的目标。该算法的流程图如图 4.2 所示,具体步骤如下:

(1) 可见光图像和红外图像按照式(4.2)所示的映射关系构建源彩色融合图像;

(2) 提出基于二次提取的目标提取算法,把目标从源彩色融合图像中提取出来;

(3) 图像中的背景部分和目标部分都转换到 YUV 空间;

(4) 对于背景部分,对它的 Y 通道、U 通道和 V 通道进行色彩传递;

(5) 对于背景部分,对它的 Y 通道进行基于 Retinex 理论和 HVS 模型的视觉对比度增强;

(6) 对于目标部分,进行目标增强;

(7) 由 YUV 空间转换到 RGB 空间,得到最终的彩色融合图像。

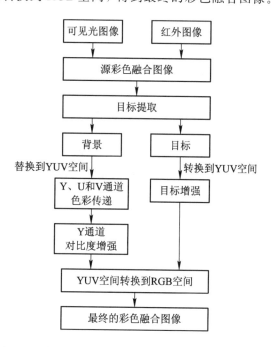

图 4.2　增强目标和视觉对比度的彩色融合算法流程图

4.3.1　基于二次聚类的目标提取算法

本节采用基于聚类思想的目标提取算法,通过灰度和方差两次聚类提取,可有效地把目标从图像中提取出来。

1. 灰度聚类决策

聚类分析是以相似性为基础的,它将彼此相似的对象组成的集合称为一个聚类。在一个聚类中的模式之间比不在同一聚类中的模式之间具有更多的相似性。假设一幅图像存在特征 A,则 A 可以根据 n 类对象重构出来,即

$$A = \sum_{k=1}^{n} A_k \tag{4.5}$$

红外图像中的信息主要由目标和场景的温度差异决定,这体现在图像中就是灰度的亮暗程度。通常,温度相近的部分被认为是同一目标或者背景。为了把目标从背景中提取出来,对于图像的灰度特征构建两个类:目标类和背景类。下面利用灰色关联分析理论(Grey Relational Analysis Theory, GRA)建立聚类决策。

灰色关联分析属于灰色系统理论[7]的一部分,灰色关联是指事物之间的不确定性关联。灰色关联分析通过对灰色系统动态过程发展态势进行量化后再比较分析,可把系统有关因素之间的各种关系展现出来。灰色关联分析根据参考序列(母序列)和若干比较序列(子序列)之间的发展态势的相似或相异程度来衡量因素间的接近程度。如果两个比较序列的变化态势基本一致或相似,其同步变化程度较高,则可认为两者关联程度较大;反之,两者关联程度较小。这种用于度量系统之间或因素之间随时间变化的关联性大小的尺度,称为关联度[7-8]。关联度分析实质上是几何曲线间几何形状的分析比较,即几何形状越接近,发展变化态势越接近,则关联度越大。计算两个序列的关联度的步骤如下:

若经过数据变换的母序列为 $\{x_0(t)\}$,子序列为 $\{x_i(t)\}$,则在时刻 $t=k$ 时,$\{x_0(t)\}$ 与 $\{x_i(t)\}$ 的关联系数 $\xi_{0i}(k)$ 用下式计算:

$$\xi_{0i}(k) = \frac{\Delta_{\min} + \rho \Delta_{\max}}{\Delta_{0i}(k) + \rho \Delta_{\max}} \tag{4.6}$$

式中,$\Delta_{0i}(k)$ 为 k 时刻两个序列的绝对差,即

$$\Delta_{0i}(k) = |x_0(k) - x_i(k)| \tag{4.7}$$

式中,$\Delta_{\min}$、$\Delta_{\max}$ 分别为各个时刻的绝对差中的最小值与最大值;ρ 为分辨系数,其作用在于提高关联系数之间的差异显著性,ρ 越小,则分辨系数越大,它的具体取值可视具体情况而定。

两序列的关联度可用两个比较序列各个时刻的关联系数的平均值来计算,即

$$\gamma_{0i} = \frac{1}{N} \sum_{k=1}^{N} \xi_{0i}(k) a(k) \tag{4.8}$$

式中,γ_{0i} 为子序列 i 与母序列 0 的关联度;N 为序列的长度,即数据个数;$a(k)$ 表示各指标的权重,且

$$\sum_{k=1}^{N} a(k) = 1 \quad a(k) \geqslant 0 \tag{4.9}$$

利用灰色关联分析理论进行聚类决策的基本思路是:首先确定参考序列作为背景簇,然后选择图像中相应的像素点作为子序列,通过灰色关联分析理论计算参考序列和子序列的关联度,从而判断两者的相似性。当两者的相似性小于一定的阈值时,说明该像素与参考序列具有不同的特征,则认定该像素点属于目标簇,可以判定为目标;反之,则认定该像素点与参考序列具有相似的特征,判定为背景。其具体步骤如下:

(1)确定参考序列,作为背景簇。因为该聚类属于灰度聚类,所以参考序列应该是图像灰度值的数值序列。通常情况下,背景的特征具有相似的灰度分布,而在背景上具有突变灰度分布的部分则可认为是目标。因此,定义参考序列为一组取值相同且其取值全为255的五点序列,即 $x_0 = \{255, 255, 255, 255, 255\}$,它的意义是表示某参考点像素及其上、下、左、右的相邻像素,其示意图如图4.3所示,该参考序列就作为背景簇。

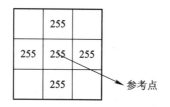

图 4.3 参考序列示意图

（2）确定子序列。为了判断图像中的像素点是否属于背景簇，对于一幅 $M \times N$ 大小的图像，把子序列定义为图像中任一像素点及其邻域四个像素的灰度值组成的序列，即 $x_i = \{I_{i-1,j}, I_{i,j-1}, I_{i,j}, I_{i,j+1}, I_{i+1,j}\}$，其中，$1 \leqslant i \leqslant M$，$1 \leqslant j \leqslant N$。子序列示意图如图 4.4 所示。

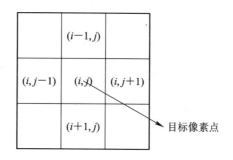

图 4.4 子序列示意图

（3）利用式（4.6）计算子序列与参考序列之间的关联系数，即每个目标像素点与背景簇的关联系数。式（4.6）中的 $\Delta_{\min}$ 和 $\Delta_{\max}$ 分别按下列式子计算：

$$\Delta_{\min} = \min |x_0(k) - x_i(k)| \tag{4.10}$$

$$\Delta_{\max} = \max |x_0(k) - x_i(k)| \tag{4.11}$$

其中，$x_0(k)$ 与 $x_i(k)$ 即为步骤（1）与步骤（2）中定义的参考序列与子序列，$k = 1, 2, \cdots, 5$，在本算法中，ρ 取 0.5。

（4）计算参考序列与子序列的灰度关联度 γ_{0i}，即

$$\gamma_{0i} = \frac{1}{5} \sum_{k=1}^{5} \xi_{0i}(k) \tag{4.12}$$

（5）判断图像中的目标。当以某个像素为中心的子序列与背景簇间的灰度关联度大于或等于一定的阈值 T 时，说明该像素点与相邻像素的分布与背景簇相似，则判定该像素点为背景；反之，当子序列与背景簇间的灰度关联度小于阈值 T 时，说明该像素点与周围的像素点差异较大，判定其为目标。即

$$\begin{cases} i, j \in \Omega_{目标} & \gamma_{0i} < T \\ i, j \in \Omega_{背景} & \gamma_{0i} \geqslant T \end{cases} \tag{4.13}$$

由此，就可以提取红外图像中的目标。对于图 4.5 所示的红外图像，利用提出的灰度聚类算法，在不同的阈值下（$T = 0.8$，$T = 0.91$，$T = 0.94$）的目标提取结果如图 4.6 所示。

图 4.5　红外图像

 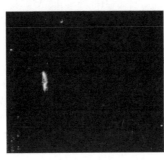 

(a) 阈值为0.8　　　　　　　(b) 阈值为0.91　　　　　　　(c) 阈值为0.94

图 4.6　灰度聚类决策下采用不同阈值的目标提取结果

2. 方差聚类决策

从图 4.6 中可以看出，在采用灰度聚类决策时，选取的阈值过小会使提取的目标不够完整（如图 4.6(a)所示），而选取的阈值过大会使噪声点和目标一并被提取出来（如图 4.6(b)和图 4.6(c)所示）。为了使提取出的目标足够完整，并且减少噪声点，下面采用方差聚类决策对图像进行二次目标提取。

通常在图像中，噪声点的面积很小，只有十几个甚至几个像素大，且亮度范围小于目标；而目标的面积较大，通常由几十个连续的像素点构成，亮度范围较大。下面采用一个 5×5 模板遍历整个图像。当该区域的方差较小时，说明该区域中心像素点与周围像素点差异不大，可以判定该点为噪声点；相反地，当该区域的方差较大时，说明该区域中心像素点与周围像素点差异较大，则判定该点为目标点。定义以点(i,j)为中心的 5×5 区域 Φ 的均值 $u(i,j)$ 和方差 $\sigma(i,j)$ 分别为

$$u(i,j)=\frac{\sum\limits_{i,j}I(i,j)}{5\times5} \qquad i,j\in\Phi \tag{4.14}$$

$$\sigma(i,j)=\frac{\sum\limits_{i,j}\left[I(i,j)-u(i,j)\right]^2}{5\times5} \qquad i,j\in\Phi \tag{4.15}$$

则聚类决策为

$$\begin{cases} i,j\in\Omega_{目标} & \sigma(i,j)>T \\ i,j\in\Omega_{背景} & \sigma(i,j)\leqslant T \end{cases} \tag{4.16}$$

以图 4.6(c)为例，经过方差聚类后的二次提取结果如图 4.7 所示。结果表明，基于二次聚类的提取算法可以有效地提取出目标。

图 4.7　经过方差聚类后的二次提取结果

4.3.2　基于视觉特性的对比度增强算法

1. Retinex 理论

Retinex 是由视网膜和大脑皮层构造的人眼感知亮度和色度的视觉模型，由 Land 首先提出[5,9]。Land 认为在视觉信息的传导过程中，人类的视觉系统对信息进行了某种处理，去除了光源强度和照射不均匀等一系列不确定的因素，而只保留了反映物体本质特征的信息。当这些描述物体本质特征的相关信息传递到大脑皮层后，经过更为复杂的信息处理，才最终形成视觉。Retinex 这个词本身就是由 Retina(视网膜)和 Cortex(大脑皮层)两个词组合成的。

Retinex 理论描述了人眼视觉系统如何获取景物的图像。Retinex 模型的基本思想是：人眼感知物体的亮度取决于环境的照明和物体表面对照射光的反射。同样，一幅图像 $I(x,y)$ 可以看作由两部分组成，一部分是场景中物体的光亮亮度，另一部分是场景中物体的反射部分[9]。通常它们也被称为亮度图像和反射图像，分别用 $L(x,y)$ 和 $R(x,y)$ 表示，如图 4.8 所示，数学表达式为

$$I(x,y) = L(x,y) \times R(x,y) \tag{4.17}$$

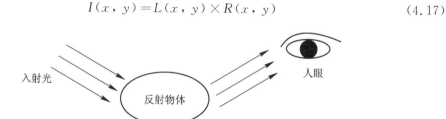

图 4.8　Retinex 原理示意图

亮度图像 $L(x,y)$ 描述周围环境的亮度，与景物无关，它实质上是表示图像中变化缓慢的部分，即图像的低频信息。而反射图像 $R(x,y)$ 则表示图像中变化较快的部分，可以看作图像的高频信息。因此，如果从给定的图像中分离出亮度图像和反射图像，就可以通过改变亮度图像和反射图像在原图像中的比例来达到图像增强的目的[6,10-11]。

由 Retinex 理论可知，不可能直接得到某幅图像的反射图像，但是可以通过估计亮度

图像，再利用式(4.17)求得反射图像，从而调整反射图像比例，达到图像增强的目的。通常情况下，Retinex算法都是将原图像变换到对数域中进行处理，这主要是因为对数形式更接近人眼对亮度的感知模式；另外，对数变换可以将复杂的乘积形式变成简单的加减运算。因此，对式(4.17)取对数有

$$\log I(x,y) = \log[L(x,y) \times R(x,y)]$$
$$= \log L(x,y) + \log R(x,y) \tag{4.18}$$

为了得到亮度部分 $L(x,y)$，可以用高斯卷积函数 $G(x,y)$ 从原图像 $I(x,y)$ 中提取出 $L(x,y)$，即

$$L(x,y) = I(x,y) * G(x,y) \tag{4.19}$$

$$G(x,y) = \lambda \exp\left(-\frac{x^2+y^2}{c^2}\right) \tag{4.20}$$

式中，"$*$"表示卷积计算；λ 为常数；c 为尺度常量，c 越大则灰度动态范围压缩得越多，c 越小则图像锐化得越多。$G(x,y)$ 满足：

$$\iint G(x,y)\mathrm{d}x\mathrm{d}y = 1 \tag{4.21}$$

这样，就可以计算得到 $R(x,y)$，即

$$\log R(x,y) = \log I(x,y) - \log L(x,y)$$
$$= \log I(x,y) - \log[I(x,y) * G(x,y)] \tag{4.22}$$

Retinex算法的物理意义是，在对数空间中，将原图像减去平滑部分，剩下的就是图像中变化快的部分。通过调整比例，就可以达到增强图像的目的。

2. 对比度敏感函数(CSF)

人眼视觉系统是一个非线性系统，它具有较大的动态范围，并且在空域具有类似于带通滤波器的特性。HVS这种空域特性被称为对比度敏感函数(CSF)[12]，它是阈值对比度的倒数。阈值对比度是关于空间频率和背景亮度的函数，视觉的阈值模型用来描述人眼在给定条件下能够感受到亮度的最小阈值JND(Just Noticeable Difference)。最小阈值JND是观察者在一定的背景亮度下能够探测到某个目标的最小亮度差。对比度敏感性遵循以下几条规律[13]：

(1) 在很高的亮度条件或很低的空间频率条件下，人眼对对比度的感受变化很小，基本保持固定；

(2) 除了在很高的亮度条件或很低的空间频率条件下，通常情况人眼对对比度的感受随着亮度的增强而提高；

(3) 在较低的空间频率条件下，对比度敏感特性随着频率呈线性递增。

对比度敏感性可以通过视觉阈值实验得到。图4.9表示的即为阈值实验的结果，通过测试得到了可见度随着亮度变化而发生的变化。

图4.9中的曲线表示的是人眼视锥体和视杆体在特定的背景亮度 L 下，能够感知到的最小亮度增量 ΔL，这个曲线就称为阈值函数。而人眼视觉系统对目标的响应可以通过对比度敏感函数CSF表示。对比度敏感性随着空间频率以及亮度级变化的关系如图4.10所示，其中，亮度级以视网膜照度单位特罗兰(Troland, Td)为单位。

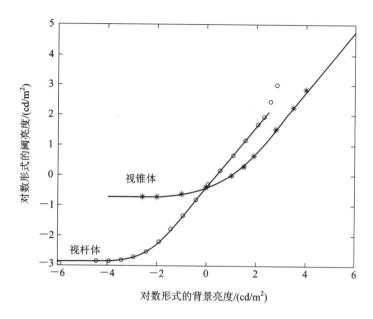

图 4.9 视锥体和视杆体系统的阈值函数

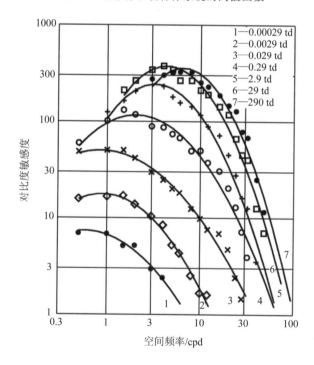

图 4.10 不同亮度级下的对比度敏感度

3. 基于视觉特性的对比度增强

为了保证得到的彩色融合图像的色彩与参考图像一致，只对图像在 YUV 空间下的 Y 分量进行对比度增强，因为 Y 分量表示亮度信息，与色彩无关，改变它的对比度不会影响颜色的恒常性。基于人眼视觉系统的对比度增强算法的具体步骤如下：

第 1 步，把经过 4.3.1 节算法的目标提取后的背景部分转换到 YUV 空间，转换公式如式(4.1)所示。

第 2 步，按照式(4.3)对背景部分进行 Y、U、V 通道的色彩传递，若经过传递的 Y 分量为 $Y_1(i, j)$，接下来就采用 Retinex 理论对 $Y_1(i, j)$ 进行对比度增强。

第 3 步，设定一定大小的高斯模板，对每个 $Y_1(i, j)$ 做高斯加权，得到一个新的高斯加权后的量 $Y_2(i, j)$，即

$$Y_2(i, j) = Y_1(i, j) * G(i, j) \tag{4.23}$$

第 4 步，将 $Y_1(i, j)$ 和 $Y_2(i, j)$ 都放在对数域中处理，即

$$Y_1'(i, j) = \log Y_1(i, j)$$
$$Y_2'(i, j) = \log Y_2(i, j) \tag{4.24}$$

这样就能得到 $Y_1(i, j)$ 的反射部分 $Y_R(i, j)$，即

$$Y_R(i, j) = Y_1'(i, j) - Y_2'(i, j) \tag{4.25}$$

第 5 步，利用 CSF 特性曲线构建增益函数。图 4.10 所示的 CSF 曲线为实验值，Mannos 和 Sakrison 等人通过大量实验建立了 CSF 的表达式，即

$$A(f) = 2.6 \times (0.192 + 0.114f) \exp[-(0.114f)^{1.1}] \tag{4.26}$$

其对应的 CSF 特性曲线如图 4.11 所示。

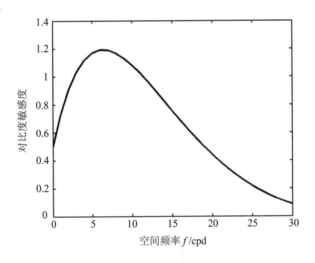

图 4.11 CSF 特性曲线

这样，设计一个具有类似于 CSF 特性的增益函数 $G(x)$，即：

$$G(x) = \frac{1}{R \times (0.192 + 0.114f) \exp[-(0.114f)^{1.1}]} \tag{4.27}$$

式中，R 为增益系数，可以根据需求调节。不同增益系数下的增益函数曲线如图 4.12 所示。

从图 4.12 中可以看出，增益系数越小，增益函数的动态范围会越广，所以增益强度会越大。这种增益函数的优势在于：

(1) 对于亮度非常小的部分，如亮度分布在 2 以下时，它对应的增益值较大，这样可以保证图像中最暗的那部分能够有效提高亮度，避免暗区死角。对于亮度非常大的部分，如亮度分布在 28 以上时，它对应的增益值基本保持不变，这样就可以防止图像的较亮区域经过增强后溢出。因此，就达到了增强全局对比度的目的。

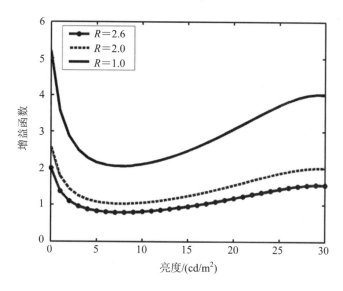

图 4.12　不同增益系数下的增益函数曲线

（2）对于亮度处于中间区域的部分，如亮度分布在 5～25 范围内时，亮度与增益值呈非线性关系，亮度越高对应的增益值越大，这就有效地增强了图像的局部对比度，使得图像的细节更突出。

第 6 步，根据构建的增益函数，对 $Y_R(i,j)$ 进行增强。由 YUV 空间的特性可知，Y 分量有可能为负值，在增强过程中，当 $Y_R(i,j)$ 取值为负数和非负数时，要选择不同的增益函数。

首先讨论 $Y_R(i,j)$ 取值为非负数的情况。当 $Y_R(i,j)$ 大于等于零时，说明这部分的亮度较亮，记为 $Y_R^+(i,j)$。在使用图 4.12 所示的增益函数对 $Y_R^+(i,j)$ 进行增强时，由于 $Y_R^+(i,j)$ 的取值并不在 0～30 的范围内，因此首先要把 $Y_R^+(i,j)$ 的值映射到 0～30 的范围，即

$$Y_{R1}^+(i,j) = \frac{30 \times Y_R^+(i,j)}{\max(Y_R^+(i,j))} \tag{4.28}$$

式中，$\max(Y_R^+(i,j))$ 表示 $Y_R^+(i,j)$ 在非负数取值下的最大值。这样，$Y_R^+(i,j)$ 的值就都映射到了 0～30 的范围内。使用增益函数对其进行增强：

$$Y_{R2}^+(i,j) = Y_{R1}^+(i,j) \times G(Y_{R1}^+(i,j)) \tag{4.29}$$

式中，$G(Y_{R1}^+(i,j))$ 即为式（4.26）所示的增益函数，在这里，设定增益系数 $R=1.9$。之后，必须把 $Y_{R2}^+(i,j)$ 变换到原来的范围内，即

$$Y_{R3}^+(i,j) = \frac{\max(Y_R^+(i,j)) \times Y_{R2}^+(i,j)}{30} \tag{4.30}$$

得到的 $Y_{R3}^+(i,j)$ 即为经过增强的 $Y_R(i,j)$。

然后讨论 $Y_R(i,j)$ 取值为负数的情况，$Y_R(i,j)$ 小于零时记为 $Y_R^-(i,j)$。同样利用增益函数对 $Y_R^-(i,j)$ 进行增强，需要注意的是 $Y_R^-(i,j)$ 为负数，所以有

$$Y_{R1}^-(i,j) = Y_R^-(i,j) \times G(|Y_R^-(i,j)|) \tag{4.31}$$

式中，$|Y_R^-(i,j)|$ 表示 $Y_R^-(i,j)$ 的绝对值。同样，$G(|Y_R^-(i,j)|)$ 为式（4.26）所示的增益

函数，在这里，设定增益函数 $R=1.2$。

这样，就可以得到增强后的 $Y_R(i,j)$，记为 $Y_R'(i,j)$：

$$Y_R'(i,j) = \begin{cases} Y_{R3}^+(i,j) & Y_R(i,j) \geqslant 0 \\ Y_{R1}^-(i,j) & Y_R(i,j) < 0 \end{cases} \tag{4.32}$$

第 7 步，根据式(4.18)，把增强后的反射部分 $Y_R'(i,j)$ 从对数空间变换到正常空间，得到最终的增强后的 Y 分量，记为 $Y_E(i,j)$：

$$Y_E(i,j) = \exp[Y_R'(i,j) + Y_2'(i,j)] \tag{4.33}$$

式中，$Y_2(i,j)$ 为式(4.24)求得结果。

第 8 步，用 $Y_E(i,j)$ 替换原来经过传递的 Y 分量(即 $Y_1(i,j)$)，U 分量和 V 分量不变，得到最终的融合图像的背景部分。

4.3.3 目标增强

经过 4.3.1 节中的目标提取算法，已经能够把目标成功提取出来。在彩色融合图像上，对目标最好的增强方法，就是赋予目标显著的颜色，使其很容易与背景区分开。由上一章可知，融合图像的背景部分在 YUV 空间传递，所以在 YUV 色彩空间中对目标进行着色。

YUV 空间中的 Y 分量决定了颜色的明亮度，也叫作明度；U 分量和 V 分量决定了颜色本身，即色度。Y 分量的取值范围是 0 到 1，数字值的取值范围是 0 到 255；U 分量和 V 分量的取值范围是 $-0.5 \sim +0.5$，数字值的取值范围是 $-128 \sim +127$。YUV 空间的立体示意图如图 4.13 所示。

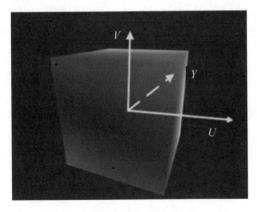

(a) 从暗面(Y分量=0)看过去

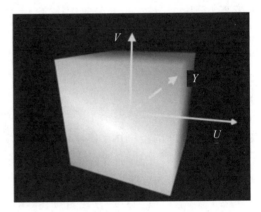

(b) 从亮面(Y分量=1)看过去

图 4.13　YUV 空间立方体示意图

从图 4.13(a)中可以看出，当 $Y=U=V=0$ 时，呈现的颜色为黑色，在图中是中间那个全黑的点；从图 4.13(b)中可以看出，当 $Y=1$，$U=V=0$ 时，呈现的颜色是最亮的白色。这体现了 Y 分量在 YUV 空间中的作用。U 分量与 V 分量的特性($Y=0.5$ 时)，如图 4.14 的平面示意图[14] 所示。

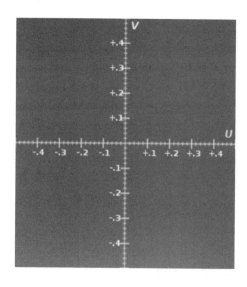

图 4.14　$Y=0.5$ 时，U－V 通道二维平面图

由图 4.14 可以看出，颜色的色调主要由 U 分量和 V 分量控制，大致的颜色范围如下：

$$
\begin{cases}
0 \leqslant V \leqslant 0.5(\text{数值 } 0 \leqslant V \leqslant 127), & -0.5 \leqslant U \leqslant 0(\text{数值} -128 \leqslant U \leqslant 0) & \text{红色系} \\
-0.5 \leqslant V \leqslant 0(\text{数值} -128 \leqslant V \leqslant 0), & -0.5 \leqslant U \leqslant 0(\text{数值} -128 \leqslant U \leqslant 0) & \text{绿色系} \\
-0.5 \leqslant V \leqslant 0(\text{数值} -128 \leqslant V \leqslant 0), & 0 \leqslant U \leqslant 0.5(\text{数值 } 0 \leqslant U \leqslant 127) & \text{蓝色系} \\
0 \leqslant V \leqslant 0.5(\text{数值 } 0 \leqslant V \leqslant 127), & 0 \leqslant U \leqslant 0.5(\text{数值 } 0 \leqslant U \leqslant 127) & \text{粉紫色系}
\end{cases}
$$

$$(4.34)$$

通过视觉实验可知，人眼对于亮度的敏感度更高，特别是在观察远距离目标时，明亮的物体更容易引起人们的注意。一个常见的例子就是汽车尾灯一般都是非常明亮的橘红色，在夜间的高速公路上，即使距离很远也能够很清楚地看见，有效地提高人眼的识别能力。所以，在彩色融合图像中，赋予目标的颜色必须有较高的亮度，这才能更好地突显背景中的目标。经过反复试验，选择几种显著的颜色：亮黄色、亮蓝色、亮绿色、白色和橘红色，它们的 Y、U、V 分量的数值如表 4.1 所示。

把增强后的目标，和前一节中经过对比度增强的背景部分融合，从 YUV 空间转换到 RGB 空间，就得到最终的彩色融合图像。

表 4.1　几种显著颜色的 Y、U、V 分量的值

颜　色	Y 分量	U 分量	V 分量
亮黄色	255	−100	50
亮蓝色	200	120	−127
亮绿色	150	−150	−200
白色	255	0	0
橘红色	140	−127	128

4.4 实验结果与分析

为了验证提出算法的有效性，下面采用三组图像进行融合实验。为了与本算法进行比较，另外采用三种方法进行融合：

方法一，Toet 的经典色彩传递融合方法[1]；

方法二，Yin 提出的一种基于对比度增强的彩色融合方法，该方法的基本思路是在 V 通道传递过程中引入一个自适应系数，使得最终的融合图像色彩对比度增强[15]；

方法三，首先对红外图像和可见光图像采用小波融合，得到的融合图像 F 映射到 Y 通道，可见光图像 Vis 映射到 U 和 V 通道即

$$\begin{cases} Y = F \\ U = Vis \\ V = Vis \end{cases} \tag{4.35}$$

得到源彩色融合图像，然后再采用色彩传递算法，得到最终的融合图像。

4.4.1 场景一实验

第一组图像如图 4.15(a)、(b)所示。对红外图像采用 4.3.1 节提出的基于二次聚类的目标提取算法，提取结果如图 4.15(c)所示。采用提出的彩色融合算法的结果如图 4.16 所示，其中图(a)为色彩传递的参考图像；图(b)为采用方法一得到的彩色融合图像；图(c)为方法二得到的彩色融合图像；图(d)为采用方法三得到的彩色融合图像；图(e)~(h)为采用提出的方法得到的彩色融合图像，目标分别被赋予亮绿色、亮蓝色、黄色和橘红色。为了比较不同算法得到的融合图像中的目标探测效果，截取目标和其背景作为比较，并按比例依次缩小图像，以此模拟远距离下的目标观察效果，如图 4.17 所示。

(a) 可见光图像　　　　　　(b) 红外图像　　　　　　(c) 目标提取结果

图 4.15　第一组实验源图像及目标提取结果

(a) 参考图像

(b) 方法一

(c) 方法二

(d) 方法三

(e) 目标分割与增强方法——绿色目标

(f) 目标分割与增强方法——蓝色目标

(g) 目标分割与增强方法——黄色目标

(h) 目标分割与增强方法——橘色目标

图 4.16　第一组图像彩色融合结果

　　从图 4.16 中可以看出，图 4.16(c)的融合图像虽然可以得到较为明显的目标，但是很容易出现某些区域的色彩失真，如天空呈现出绿色，明显与自然色彩不符，影响人眼的视觉感知。图 4.16(d)的图像对比度和场景细节都好于图 4.16(b)，但是同样存在色彩不自然的问题。采用本章提出的方法得到的融合图像，具有与参考图像相似的自然色彩，场景的全局对比度和局部对比度都较好。图 4.16(b)和图 4.16(c)中存在明显的暗区，如最左边的树干部分，而图 4.16(e)～图 4.16(h)左边部分明显亮度增强，具有较好的全局对比；另外，由于图像局部对比度的增强，图像中的树叶、路面上的车轮印等细节部分非常清晰。除此之外，图像中的目标在背景中非常突出，更有利于目标探测。目标的探测性，不仅在于目标自身是否明亮，还在于目标与背景是否存在较大差异。

比较图 4.17 中的 A(1) 到 H(1) 的图像可以发现，A(1)、D(1)、E(1)、F(1)、G(1) 和 H(1) 中的目标都很明亮，所以都比较容易被探测到。但是比较 A(4)、D(4)、E(4)、F(4)、G(4) 和 H(4) 可以发现，当目标距离较远时，目标与背景的色彩差异对探测效果的影响很大，B(4) 和 C(4) 中的目标几乎被淹没在背景中。E(4)、F(4)、G(4) 和 H(4) 中的目标比 A(4) 和 D(4) 中的目标更加明显，主要是因为本章提出的算法给目标赋予了更符合人眼视觉系统的色彩。

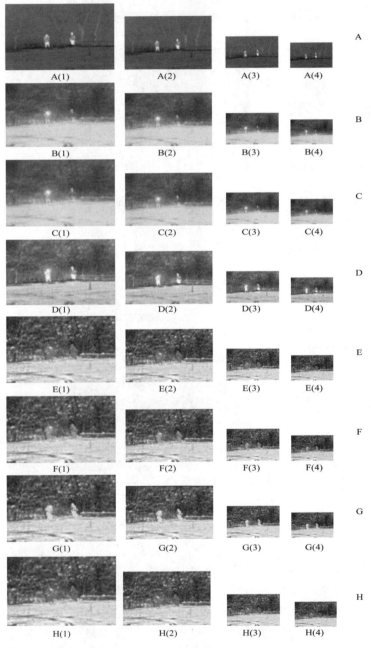

A—红外图像；B—方法一的融合图像；C—方法二的融合图像；
D—方法三的融合图像；E、F、G 和 H—本章提出算法的融合图像。

图 4.17 融合图像目标探测效果

4.4.2　场景二实验

第二组图像如图 4.18(a)和(b)所示，由荷兰 TNO Human Factors 提供。该场景主要是树木、灌木、栅栏，人躲藏在树后，以至于可见光图像中很难发现人。而在红外图像中，很容易发现人以及周围的几个热源，但是场景信息很少，树木和灌木的细节在红外图像中很难辨识。

对红外图像采用 4.3.1 节提出的基于二次聚类的目标提取算法，提取结果如图 4.18(c)所示。采用本章提出的彩色融合算法的结果如图 4.19 所示。

(a) 可见光图像　　　　　(b) 红外图像　　　　　(c) 红外图像目标提取结果

图 4.18　第二组实验源图像

(a) 参考图像　　　　　　　　　　(b) 方法一

(c) 方法二　　　　　　　　　　(d) 方法三

(e) 目标分割与增强方法——绿色目标

(f) 目标分割与增强方法——蓝色目标

(g) 目标分割与增强方法——黄色目标

(h) 目标分割与增强方法——橘色目标

图 4.19　第二组图像彩色融合结果

比较各个算法的融合图像可以发现，图 4.19(b)看上去比较模糊。与 4.19(b)相比，图 4.19(c)的彩色信息可以使得图像场景中的各个部分更容易区分，但是这种色彩信息并没有提高图像的亮度和对比度，图像看上去仍然比较模糊，除此之外，它的部分区域色彩失真，如屋顶以及路面，出现的是不自然的绿色。相比前两幅图像，图 4.19(d)具有较好的亮度和全局对比度，整个图像看上去比较通透，但是存在局部对比度不足的缺点，使得场景的细节信息不足，另外也同样存在色彩不够自然的问题。采用本章所提出目标分割与增强算法的融合图像(图 4.19(e)～图 4.19(h))首先具有和参考图像相似的色彩，颜色自然；其次具有较好的全局对比度，图像看上去很清晰，有一目了然的感觉；除此之外，图像具有很好的局部对比度，使得树木、树叶的细节部分很清楚，特别是栅栏部分，在之前的几幅图像中都很不明显，但是在图 4.19(e)～图 4.19(h)中非常清晰，这在远距离探测的应用中非常重要。

4.4.3　场景三实验

第三组图像如图 4.20(a)、(b)所示，图像由荷兰 TNO Human Factors 提供。该场景主要是建筑、道路和车辆。在可见光图像中，完全无法发现热源，但是在红外图像中，可以清楚地看到车辆底部、建筑的右侧都存在明显的热源。

对红外图像采用 4.3.1 节提出的基于二次聚类的目标提取算法，提取结果如图 4.20(c)所示。采用本章提出的彩色融合算法的结果如图 4.21 所示。

(a) 可见光图像　　　　　　　(b) 红外图像　　　　　　　(c) 目标提取结果

图 4.20　第三组实验源图像

(a) 参考图像　　　　　　　　　　　(b) 方法一

(c) 方法二　　　　　　　　　　　　(d) 方法三

(e) 目标分割与增强方法——绿色目标　　(f) 目标分割与增强方法——蓝色目标

(g) 目标分割与增强方法——黄色目标　　(h) 目标分割与增强方法——橘色目标

图 4.21　第三组图像彩色融合结果

从图 4.21 可以看出，图 4.21(b) 和图 4.21(c) 看上去都模糊，且存在明显的暗区，使得图像的对比度较差。而图 4.21 (d) 存在明显的色彩失真，如天空呈现的是不自然的蓝色；除此之外，该图像中某些区域过亮，并且目标与背景颜色差异不大，使得在图像中已经无法分辨原来红外图像中的点热源。采用本章提出的算法得到的融合图像，具有较好的全局对比度，图像中不存在过亮或者过暗的区域；另外，图像的细节突出，如道路上的车轮印、栏杆和路边的竖杆，都非常清晰；在图像中可以清楚地发现热源，即使在很远的地方也可以分辨。

4.4.4 参考图像与目标颜色的选取

下面讨论参考图像与目标颜色选择的关系。以第一组图像为例，采用不同参考图像得到的彩色融合图像如图 4.22 所示。

参考图像1

绿色目标　　　　　　蓝色目标　　　　　　黄色目标　　　　　　橘色目标

(a) 参考图像1及融合结果

参考图像2

绿色目标　　　　　　蓝色目标　　　　　　黄色目标　　　　　　橘色目标

(b) 参考图像2及融合结果

参考图像3

绿色目标　　　　　　蓝色目标　　　　　　黄色目标　　　　　　橘色目标

(c) 参考图像3及融合结果

参考图像

绿色目标　　　　　　蓝色目标　　　　　　黄色目标　　　　　　橘色目标

(d) 参考图像4及融合结果

图 4.22　采用不同参考图像的融合结果

第一组参考图像以黄色为主色调,从图 4.22(a)中可以看出,给目标赋予绿色、蓝色和橘色时,目标在背景中都比较突出,但是黄色的目标在图像中的显著程度就稍稍逊色。

第二组参考图像以蓝色为主色调,从图 4.22(b)中可以看出,黄色目标和红色目标均很突出,绿色目标次之,蓝色目标最不明显。

第三组参考图像以绿色为基调,图 4.22(c)中的绿色目标几乎淹没在背景中,而红色目标最为突出。

第四组参考图像以红色为基本色调,图 4.22(d)中的红色目标很难从背景中分辨出来,而绿色目标和蓝色目标都非常明显,以绿色目标最为突出。

综上所述,可以发现,当赋予目标的颜色与参考图像接近时,目标的探测效果最差;目标与背景的色彩相差越大,则目标的探测效果最好。在红色背景下,绿色目标最突出;而在蓝色背景下,黄色目标最突出。这是由于"绿色—红色"和"蓝色—黄色"在色度学中都属于拮抗色,即它们的色调在色度学中相差最大。图 4.22 的结果也证明了这一点。

因此，在给目标赋色时，要充分考虑参考图像的主色调，选择和主色调相差最大的颜色给目标赋色，这样就可以达到很好的目标探测效果。这也证明了本章所提出算法的一个优点，即可以灵活机动地根据场景和参考图像的情况，选择最合适的目标颜色，从而达到最佳的目标探测效果。

本章参考文献

[1] TOET A. Natural colour mapping for multiband nightvision imagery[J]. Information Fusion，2003，4（3）：155-166.

[2] REINHARD E，ASHIKHMIN M，GOOCH B，et al. Color transfer between images[J]. IEEE Computer Graphics and Applications，2001，21(5)：34-41.

[3] WANG L X，SHI S M，JIN W Q，et al. Color fusion algorithm for visible and infrared images based on color transfer in YUV color space[C]. Proceedings of SPIE，2007，6787：67870S.

[4] LAND E H. Recent advances in Retinex Theory[J]. Vision Research，1986，26(1)：7-21.

[5] RAHMAN Z，JOBSON D J，WOODELL G A. Multi-scale Retinex for color image enhancement[C]. International Conference on Image Processing，1996，3：1003-1006.

[6] 乔小燕，姬光荣，陈雾. 一种改进的全局 Retinex 图像增强算法及其仿真研究[J]. 系统仿真学报，2009，21(4)，1195-1201.

[7] 邓聚龙. 灰色控制系统[M]. 武汉：华中理工大学出版社，1993.

[8] MA M，TIAN H P，HAO C Y. New method to quality evaluation for image fusion using gray relational analysis[J]. Optical Engineering，2005，44(8)：087010.

[9] LAND E H，MCCANN J J. Lightness and Retinex theory[J]. Journal of the Optical Society of America，1971，61(1)：1-11.

[10] 刘家朋，赵宇明，胡福乔. 基于单尺度 Retinex 算法的非线性图像增强算法[J]. 上海交通大学学报，2007，41(5)：685-688.

[11] RAO Y B，LIN W Y，CHEN L T. Image-based fusion for video enhancement of night-time surveillance[J]. Optical Engineering，2010，49(12)：120501.

[12] LEVINE M D. Vision in Man and Machine[M]. New York：McGraw-Hill，1985.

[13] HUANG K Q，WANG Q，WU Z Y. Natural color image enhancement and evaluation algorithm based on human visual system[J]. Computer Vision and Image Understanding，2006，103(1)：52-63.

[14] http：//en. wikipedia. org/wiki/YUV.

[15] YIN S F，CAO L C，LING Y S，et al. One color contrast enhanced infrared and visible image fusion method[J]. Infrared Physics & Technology，2010，53(2)：146-150.

第 5 章　基于视觉特性的彩色融合图像目标探测性客观评价

5.1　概　　述

从人眼视觉角度上来看,目标在背景上越突出,则目标的探测性质越好。目标探测性已经成为评价彩色融合算法是否优越的重要指标。目前,已有一些针对评价彩色夜视图像中目标探测性的视觉实验,主要是通过人的样本实验来主观评价图像中的目标探测效果。其中最简单的实验方法就是让实验参与者主观地给图像的目标探测性打分,目标在背景中越突出,则目标的探测性分数越高。在第 4 章的实验中,验证算法的有效性时,通过主观感受说明了彩色融合图像中的目标探测性较好。

然而,众所周知,主观评价方法需要耗费相当大的人力、时间和精力,不可能每设计出一种融合算法,就组织一次主观实验。除此之外,主观评价实验的多样性和不一致性对融合算法的发展不利,因此,研究彩色融合图像目标探测性的客观评价指标非常重要。目前,对彩色融合图像的客观评价研究很少,这主要是由于相对于灰度图像,人眼视觉系统对色彩的感知要复杂得多。因此,客观地评价彩色融合图像中的目标探测性需要进行深入的研究。为此,需要解决的关键问题有两个:

(1) 如何选择合适的色度评价系统;

(2) 如何评价不同的色彩对人眼视觉系统的影响。

本章就如何客观地评价彩色融合图像的目标探测性展开探讨。在 CIELAB 色彩空间下,设计四个与色彩有关的因素来建立目标探测性客观评价指标,这四个与色彩有关的因素分别是:目标自身的亮度;目标/背景区域视觉亮度差;目标/背景区域色调差;目标/背景区域色度差。

5.2　颜色视觉理论及 CIELAB 颜色空间

5.2.1　颜色视觉理论

人眼知觉颜色的三要素为:光源、物体和人眼(及大脑)。视觉对颜色的感知是因为视网膜上有三类锥体细胞，它们有不同的光谱响应，分别对长波、中波和短波的光敏感，也称作感红、感绿、感蓝锥细胞。人眼感知颜色的过程是，具有光谱分布的可见光通过角膜、瞳孔、晶状体到达眼球内层的视网膜上，被视网膜上的三种类型的锥细胞吸收，形成了视觉对颜色的三维响应[1]。

人眼三种类型的锥细胞，每一种锥细胞吸收光后，将入射到它上面的所有波长的光谱融合编码成三种信号 L、M、S，分别对应每个锥细胞吸收光的数量，如下式所示。

$$\begin{cases} L = \int L(\lambda)E(\lambda)\mathrm{d}\lambda \\ M = \int M(\lambda)E(\lambda)\mathrm{d}\lambda \\ S = \int S(\lambda)E(\lambda)\mathrm{d}\lambda \end{cases} \tag{5.1}$$

式中，$E(\lambda)$ 是入射光谱，$L(\lambda)$、$M(\lambda)$、$S(\lambda)$ 分别是锥细胞对长波、中波和短波的光谱响应。

颜色具有物理和心理的双重结构，因此对于颜色感知的客观和主观描述都是极其重要的。视觉可以感知颜色的三个基本特征，又称心理三属性，分别是明度、色调和饱和度[2]。它们大致与颜色的物理属性即亮度、主波长和纯度相对应，它们共同引起视觉对颜色感知的总效果。灰度图像只有明度(亮度)特征，而彩色图像还具有色调和饱和度两个颜色特征。

(1) 明度：表征颜色的明亮程度，它描述颜色是亮还是暗。

(2) 色调：表征不同颜色特征的量，是人眼看到一种或多种波长的光时产生的感觉，代表颜色的类别，是颜色最基本的特征，如红色、绿色等。

(3) 饱和度：颜色接近光谱色的程度，反映的是颜色的纯度，即颜色掺入白光的程度或指颜色的深浅程度，白光掺入越多，色饱和度就越低；当掺入的白光为零时，色饱和度为100%。一种颜色越接近光谱色，其饱和度越高。

这三个特性可以构建一个颜色立体模型，所有的颜色体验都可以用这三个特性来描述。

5.2.2　CIELAB 颜色空间

为了定量地描述颜色的这三个特征，选择 CIELAB 颜色空间。CIELAB 是由国际照明委员会 CIE(Commission International de L'Eclairage)于 1976 年提出的一个国际标准[3]。

这个空间是目前最均匀的颜色空间。在对颜色的感知、分类和鉴别中，对颜色的表述应该越准确越好。从图像处理的角度来看，对颜色的描述应该与人对颜色的感知越接近越好。从视觉均匀的角度来看，人所感知到的两种颜色的距离应该与这两个颜色的空间距离呈正比。均匀的颜色空间的特征就是在颜色空间中任选一点，通过该点的任一方向上的相同距离能表示相同的颜色感觉变化，它对颜色的划分更加符合人眼对颜色的感知。

CIELAB 颜色空间的设计目的就是使人感受的颜色差别等同于对应该颜色空间中相等的欧几里得距离，即所有颜色都按照其实验测得的相互之间知觉色差的多少，尽可能均匀地分布于颜色空间。这样，使用 CIELAB 颜色空间来定量描述图像的色彩特性，是符合人眼视觉感知的。

在 CIELAB 空间中，颜色可以用 L^*、a^*、b^* 这三个分量描述，L^* 表示明度，a^* 和

b^* 表示色度[4]。具体地说，L^* 代表黑色/白色；a^* 代表红色/绿色，$+a^*$ 表示红色，$-a^*$ 表示绿色；b^* 代表黄色/蓝色，$+b^*$ 表示黄色，$-a^*$ 表示蓝色。CIELAB 颜色空间的剖面图和三维立体图分别如图 5.1 和图 5.2 所示。

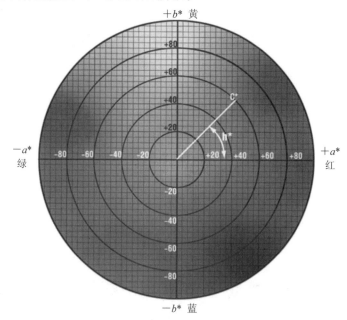

图 5.1　CIELAB 颜色空间剖面图

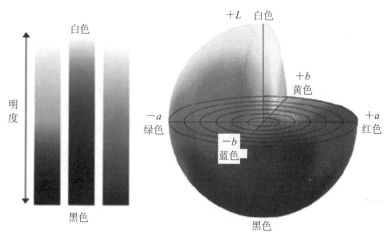

图 5.2　CIELAB 颜色空间三维立体图

CIELAB 空间是 CIEXYZ 空间的一种非线性变换空间，其计算公式为

$$
\begin{cases}
L^* = 116 f\left(\dfrac{Y}{Y_n}\right) - 16 \\[2mm]
a^* = 500\left[f\left(\dfrac{X}{X_n}\right) - f\left(\dfrac{Y}{Y_n}\right) \right] \\[2mm]
b^* = 200\left[f\left(\dfrac{Y}{Y_n}\right) - f\left(\dfrac{Z}{Z_n}\right) \right]
\end{cases}
\tag{5.2}
$$

$$f(x) = \begin{cases} x^{1/3} & x > 0.008856 \\ 7.787x + \dfrac{16}{116} & x \leqslant 0.008856 \end{cases} \tag{5.3}$$

式中，X_n、Y_n、Z_n 为 CIE 标准照明体照射到完全漫反射体上，再经过完全漫反射到观察者眼中的白色刺激的三刺激值，在这里选择 D65 标准；X、Y、Z 为颜色的三刺激值。$f(x)$ 为非线性变换函数，x 可以是式(5.2)中的 $\dfrac{Y}{Y_n}$、$\dfrac{X}{X_n}$、$\dfrac{Z}{Z_n}$ 任一变量。RGB 到 CIEXYZ 空间的变换关系可以参考文献[5]。

在得到明度 L^* 后，可以得到另外两个重要的颜色特性值，分别是色度 C^* 和色调 h^*：

$$C^* = \sqrt{(a^*)^2 + (b^*)^2} \tag{5.4}$$

$$h^* = \arctan \frac{b^*}{a^*} \tag{5.5}$$

在 CIELAB 空间中，两个颜色的色差公式为

$$\Delta E = \sqrt{(\Delta L^*)^2 + (\Delta a^*)^2 + (\Delta b^*)^2} \tag{5.6}$$

5.3 基于视觉特性的彩色融合图像目标探测性客观评价方法

5.3.1 基本思路

设计一种符合人眼视觉感知的彩色融合图像目标探测性的评价方法，用来客观地评价彩色融合图像中的目标探测性。在图像中，目标探测性主要通过目标与其背景间的差异来体现，目标与背景的对比越强烈，则目标的可探测性越强。人眼在观察图像时，往往对局部更敏感。在融合应用中，观察者往往对动态目标如人、车辆等最感兴趣，所以在融合图像中可以把这些物体看作目标。这些目标往往具有高热特性，在红外图像和融合图像中都会比其周围背景亮度高，使得人眼更容易被这部分区域吸引。因此，这就要求在研究目标与背景的差异时，首先要根据人眼视觉系统划分一定的局部区域，在该区域中研究目标探测性才更加符合人眼主观感受。

彩色融合图像目标探测性客观评价方法的基本思路框图如图 5.3 所示。其具体步骤如下：

(1) 根据人眼视野结构，在彩色融合图像中以目标为中心，选择最佳视觉敏感区域 Ω；

(2) 把彩色融合图像中的区域 Ω 分割成目标区域和背景区域；

(3) 目标区域和背景区域都由 RGB 空间转换到 CIELAB 空间；

(4) 根据人眼视觉系统，设计彩色融合图像目标探测性客观评价指标。

在 3.2.3 节中已经对人眼视野结构作了详细说明，其示意图如图 3.4 和图 3.5 所示。在最佳视觉敏感区域中，以目标为中心，"近场"区域边界与目标的距离 r 可以通过

式(3.18)和式(3.19)计算得到。这样，可以在彩色融合图像中得到以目标为中心的最佳视觉敏感区域。

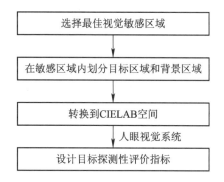

图 5.3　彩色融合图像目标探测性的评价方法原理图

5.3.2　目标区域与背景区域的分割

为研究彩色图像中目标和背景的差异，首先要把目标区域和背景区域分割开来。彩色融合图像和源灰度图像具有相似的灰度分布，为简化问题，先在红外图像中分割目标和背景，然后把这两个区域分别映射到彩色融合图像上。

在 4.3.1 节中，探讨了基于二次聚类的目标提取方法，该方法可以有效地把目标从红外图像中提取出来。但是由于该算法对目标提取精度要求较高，比较复杂。在融合应用中，红外图像中的目标往往与其背景差别较大，这就使得属于目标的像素灰度值和属于背景的像素灰度值区别明显。这里对于目标分割的要求不是很高，阈值分割方法就可以达到目的，超过阈值的部分就可以看作目标，而其余部分则看作背景。OTUS 法（大津法）[6] 是 Otsu 于 1979 年提出的一种自动阈值分割方法，它的简便性和标准性使其成为目前被引用和参考最多的阈值分割方法。这种方法是建立在一幅图像的灰度直方图基础上的，依据类间距离最大准则来确定区域分割门限。该算法的具体步骤如下：

设图像有 L 个灰度级，灰度值是 i 的像素数为 n_i，则总的像素数 N 为

$$N = \sum_{i=0}^{L} n_i \tag{5.7}$$

各灰度值出现的概率 P_i 为

$$P_i = \frac{n_i}{N} \tag{5.8}$$

设以灰度 t 为阈值将图像分割成两个区域，灰度范围在 $0 \sim t$ 的像素为背景类 A，灰度范围在 $(t+1) \sim L$ 的像素为目标类 B。这两类出现的概率分别为

$$\begin{cases} P_A = \sum_{i=0}^{t} P_i \\ P_B = \sum_{i=t+1}^{L-1} P_i = 1 - P_A \end{cases} \tag{5.9}$$

A、B 两类的灰度均值 ω_A、ω_B 分别为

$$\begin{cases} \omega_A = \sum_{i=0}^{t} \dfrac{iP_i}{P_A} \\ \omega_B = \sum_{i=t+1}^{L-1} \dfrac{iP_i}{P_B} \end{cases} \tag{5.10}$$

图像总的灰度均值 ω_0 为

$$\omega_0 = P_A \omega_A + P_B \omega_B \tag{5.11}$$

这样可以得到 A、B 两个区域的类间方差 σ^2 为

$$\sigma^2 = P_A (\omega_A - \omega_0)^2 + P_B (\omega_B - \omega_0)^2 \tag{5.12}$$

类间方差越大，两类的灰度差别越大，则使得类间方差 σ^2 最大的 T，即为所求的最佳分割阈值。

$$T = \arg \max_{0 \leqslant t \leqslant L-1} (\sigma^2) \tag{5.13}$$

在红外图像的区域 Ω 中，灰度值高于阈值 T 的部分就看作目标部分，其余部分看作背景部分，分别直接映射到彩色融合图像上。

5.3.3 基于人眼视觉系统的目标探测性客观评价指标

在灰度图像中，目标的探测性和目标/背景的亮度差异最为相关，目标与背景的亮度差异越大，则目标的探测性越高。然而在彩色图像中，目标与背景的差异主要取决于两个区域的颜色差异。通过式(5.6)可以计算出 CIELAB 空间下两种颜色的色差，但是该色差公式在这里并不适用，主要是因为：

(1) 目标探测性取决于目标区域和背景区域的颜色差异，式(5.6)的色差公式并不能用于计算两个区域的色差；

(2) 对于人眼视觉系统而言，色彩的亮度、色度和色调差异对最终的目标探测性的贡献并不是相等的。

总的来说，一个处在暗背景下的明亮目标会使得两者的对比度很高，这对于提高目标探测性是最直接和最明显的。除此之外，在彩色图像中，色彩的色调/色度差与亮度差又会互相影响。一方面，较大的色调/色度差会对提高亮度对比度有帮助；另一方面，高亮度对比度自身又会使得色调/色度差异看上去更明显。通过大量的视觉实验，发现四个因素共同决定了彩色融合图像中的目标探测性[7]，这四个因素如下所述：

(1) 目标自身的亮度值 L^*，它描述的是目标的亮暗程度。需要注意的是，这里的亮度值指的是 CIELAB 空间中的 L^* 分量，而不是灰度值。

(2) 目标区域与背景区域的视觉亮度差，它描述的是目标与背景的视觉对比。这里的区域视觉亮度差值不是两个区域的亮度差值，而是符合人眼视觉系统的视觉亮度差异，由此引入了人眼视觉理论。

(3) 目标与背景的区域色度差。

(4) 目标与背景的区域色调差。

利用这四个因素可以来客观地评价彩色融合图像中的目标探测性。

在 4.3.2 节中提到，人眼视觉系统中的对比度敏感函数是人眼在给定条件下能够感受到亮度的最小阈值 JND。在人眼视觉系统理论中，有一个和 JND 有关的重要理论，即韦伯

定律(Weber's Law)[8]。该理论的主要思想是：人眼对亮度变化的感受是非线性的。设有一个强度为 $I+\Delta I$ 的光斑，其周围的背景亮度为 I，如图 5.4 所示。在不同的亮度范围下，人眼能感到的亮度差也发生变化。实验表明，人眼刚能分辨的亮度差（即 JND）ΔI 是 I 的函数，它们两者的比值称作韦伯分数。$\Delta I/I$ 在相当宽的亮度范围内近似为常数，但在亮度很高与很低时，则不为常数，这就称为韦伯定律。$\Delta I/I$ 与 I 的关系如图 5.5 所示。

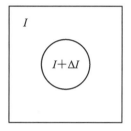

图 5.4　光斑与其背景

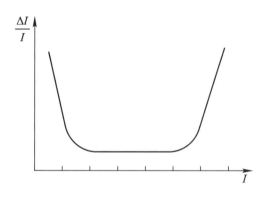

图 5.5　韦伯定律

　　利用韦伯定律，可以定义目标区域与背景区域的视觉亮度差。文献[9]中把韦伯定律应用到灰度图像中，提出了灰度亮度 I 与 $\Delta I/I$ 的近似定量关系，如图 5.6 所示。其中，$P_1=0.035$，$P_2=0.09$，$P_3=0.575$，$I_1=60$，$I_2=200$，$I_3=255$。

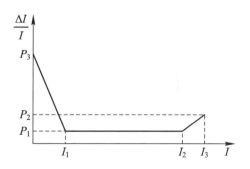

图 5.6　灰度亮度 I 与 $\Delta I/I$ 的近似定量关系

　　既然颜色在 CIELAB 空间中的亮度分量也是用来描述亮暗程度的，那么假设色彩的亮度分量对于人眼而言也具有与灰度亮度相似的性质，这样就可以根据图 5.6 来研究视觉亮度差与亮度差的定量关系。CIELAB 空间中的亮度分量与灰度亮度值具有不同的范围，需要把 CIELAB 空间中的亮度分量 L^* 转换到 $[0,255]$ 的范围，即

$$L^*(i,j) = 255 \times \frac{L^*(i,j) - \min L^*(i,j)}{\max L^*(i,j) - \min L^*(i,j)} \qquad (i,j) \in \Omega \qquad (5.14)$$

式中，$\min L^*(i,j)$ 和 $\max L^*(i,j)$ 分别是区域 Ω 中 L^* 分量的最小值和最大值。定义目标区域与背景区域的视觉亮度差 ΔL_{p}^* 为

$$\frac{\Delta L_{\mathrm{p}}^*}{\Delta L^*} = c(L_{\mathrm{b}}^*)$$

$$\approx \begin{cases} \dfrac{1}{(0.575 - 0.009 L_{\mathrm{b}}^*)(L_{\mathrm{b}}^* + 1)} & 0 \leqslant L_{\mathrm{b}}^* < 60 \\[3mm] \dfrac{1}{0.035(L_{\mathrm{b}}^* + 1)} & 60 \leqslant L_{\mathrm{b}}^* \leqslant 200 \\[3mm] \dfrac{1}{(0.035 + 0.001(L_{\mathrm{b}}^* - 200))(L_{\mathrm{b}}^* + 1)} & 200 < L_{\mathrm{b}}^* \leqslant 255 \end{cases} \qquad (5.15)$$

式中，ΔL^* 为目标区域与背景区域的亮度差，把它定义为目标与背景亮度的标准差，即

$$\Delta L^* = \left(\frac{1}{n_{\mathrm{t}}} \sum_{i,j \in \Omega_{\mathrm{t}}} (L^*(i,j) - L_{\mathrm{b}}^*)^2 \right)^{\frac{1}{2}} \qquad (5.16)$$

式中，$L^*(i,j)$ 表示目标区域 Ω_{t} 中每个像素在 CIELAB 空间下的亮度分量；L_{b}^* 表示背景区域 Ω_{b} 的平均亮度值，即

$$L_{\mathrm{b}}^* = \frac{1}{n_{\mathrm{b}}} \sum_{i,j \in \Omega_{\mathrm{b}}} L^*(i,j) \qquad (5.17)$$

式(5.16)中的 n_{t} 和式(5.17)中的 n_{b} 分别表示目标区域和背景区域的像素个数。

式(5.5)中，计算得到的色调 h^* 的单位为弧度，为了计算目标与背景的区域色调差，首先把它转换为 $0°$ 到 $360°$ 的角度形式。然后，定义两个区域的色调差为

$$\Delta h = \begin{cases} \mathrm{Rad}\langle \mathrm{Std} \rangle & |\mathrm{Std}| \leqslant 180° \\ 2\pi - \mathrm{Rad}\langle \mathrm{Std} \rangle & |\mathrm{Std}| > 180° \end{cases} \qquad (5.18)$$

式中，$\mathrm{Rad}\langle \cdot \rangle$ 表示从角度转换为弧度的操作过程；Std 定义为

$$\mathrm{Std} = \left(\frac{1}{n_{\mathrm{t}}} \sum_{i,j \in \Omega_{\mathrm{t}}} (h(i,j) - h_{\mathrm{b}})^2 \right)^{\frac{1}{2}} \qquad (5.19)$$

式中，$h(i,j)$ 为目标区域 Ω_{t} 中每个像素在 CIELAB 空间下的色调分量，h_{b} 表示背景区域 Ω_{b} 的平均色调值，即

$$h_{\mathrm{b}} = \frac{1}{n_{\mathrm{b}}} \sum_{i,j \in \Omega_{\mathrm{b}}} h(i,j) \qquad (5.20)$$

为了计算目标与背景区域的色度差，首先在区域 Ω 中对色度分量进行归一化操作，即

$$C'(i,j) = \frac{C(i,j) - \min C(i,j)}{\max C(i,j) - \min C(i,j)} \qquad (5.21)$$

式中，$C'(i,j)$ 即为区域 Ω 中经过归一化的色度分量，$\min C(i,j)$ 和 $\max C(i,j)$ 分别为区域 Ω 中色度分量的最小值和最大值。定义背景与目标区域的色度差 ΔC 为

$$\Delta C = \left(\frac{1}{n_{\mathrm{t}}} \sum_{i,j \in \Omega_{\mathrm{t}}} (C'(i,j) - C_{\mathrm{b}})^2 \right)^{\frac{1}{2}} \qquad (5.22)$$

式中，$C'(i,j)$ 表示目标区域 Ω_t 中每个像素在归一化后的色度分量，C_b 表示背景区域 Ω_b 的平均色度值。

视觉亮度差、色度差和色调差在人感知色彩中的贡献是不相等的。在人眼视觉系统中，人眼对于亮度的变化比对色调和色度更加敏感。因此，可以把视觉亮度差 ΔL_p^* 看作决定彩色融合图像目标探测性的首要因素。除此之外，目标自身的亮度 L_t^* 也会明显地影响视觉对比度。一个较亮的目标会以非线性的方式增强视觉对比度。所以，可以假设 ΔL_p^* 与 L_t^* 呈指数关系，其中 ΔL_p^* 被看作底数。对亮度值进行归一化操作，使它的范围在 0 到 1 之间。这样，定义由每个因素决定的目标探测性指标 d_k 为

$$d_k = (\Delta L_p^*)^{L_t^*} \cdot (t \times \Delta h + (1-t) \times \Delta C)^{\frac{1}{\gamma}} \tag{5.23}$$

式中，L_t^* 为目标区域 Ω_t 中像素的亮度平均值（因为之前已经进行了归一化处理，所以这里 L_t^* 的取值范围为 0 到 1）；$t(0 \leqslant t \leqslant 1)$ 为调节参数，当 $t > 0.5$ 时，则 Δh 对目标探测性的贡献要大于 ΔC；γ 为调制系数，它用来调整 $\Delta h / \Delta C$ 相对 $\Delta L_p^* / L_t^*$ 而言对目标探测性的贡献程度，γ 越大，则 $\Delta h / \Delta C$ 对最终 d_k 的贡献越小。

由于人眼对于亮度的变化比对色调和色度更加敏感，因此可以认为色调和色度相比 $\Delta L_p^* / L_t^*$ 的贡献要小；假设色调和色度彼此相较而言对最终的 d_k 贡献相等，故在这里选择 t 的值为 0.5，γ 的值为 2。d_k 的值越大，则说明图像中的目标探测性越好。

5.4　实验结果与分析

为了验证彩色融合图像目标探测客观评价方法的有效性，采用三组可见光与红外彩色融合图像实验，应用于目标探测。

5.4.1　场景一实验

本组实验图像由荷兰的 Human Factors 的 TNO 提供。它们是由不同彩色融合算法产生的彩色融合图像。图像中的场景主要是沙地、树木、栅栏，并且有一个人站在树后，如图 5.7 所示。该组图像的详细信息以及具体算法可以参考文献[10]和[11]。

(a) 可见光图像　　　　　　　　　　(b) 红外图像

(c) 彩色融合图像1

(d) 彩色融合图像2

(e) 彩色融合图像3

(f) 彩色融合图像([文献11])

图 5.7　TNO 提供的源图像（文献[11]）

接下来选择最佳敏感区域 Ω。根据实验的实际条件可知，使用的是 19 英寸（1 英寸＝2.45 cm）LCD 显示屏的分辨率为 1440×900。在一般情况下，观察显示器的距离为 50 cm。根据式(3.20)和式(3.21)，计算得到每个目标的 Ω 区域是一个以目标为中心的矩形，其边界离目标的距离为 30 个像素。这样就可以在彩色融合图像中得到每个目标的最优敏感区域。以图 5.7(c) 为例，每个目标的 Ω 区域为红色方框内的部分，如图 5.8 所示。然后，在该区域中采用 5.3.2 节的阈值分割方法把目标与背景区域分割开，分割结果如图 5.9 所示。根据提出的指标评价这组图像中不同彩色融合图像的目标探测性，结果如表 5.1 所示。

图 5.8　目标的最佳敏感区域

图 5.9　目标与背景分割结果

表 5.1 第一组彩色融合图像目标探测性评价结果（带圈的数字表示排序，下同）

参　数	图 5.7(c)	图 5.7(d)	图 5.7(e)	图 5.7(f)
L_t^*	0.6969②	0.9051①	0.5916④	0.6760③
ΔL_p^*	5.9481①	3.3129④	3.5748③	5.6128②
ΔC	0.2383①	0.0154④	0.0927③	0.1926②
Δh	0.2257③	0.1723④	0.5244①	0.2686②
d_k	1.6686①	0.9059④	1.1803③	1.5412②

从表 5.1 中 d_k 值可以看出，图 5.7(c) 和图 5.7(f) 比其他两幅图像的目标探测性好。有趣的是，虽然图 5.7(d) 中目标自身的亮度分量 L_t^* 最大，但是它最终的目标探测性仍然不高，这是因为它的目标与背景区域的色调和色度差都最小，除此之外，对目标探测性影响最大的目标/背景视觉亮度差也最小，所以图 5.7(d) 的目标探测性最差。图 5.7(e) 虽然具有最大的色调差，但是它仍然在目标探测性上表现较差，这主要是因为图中目标自身的亮度分量 L_t^* 和视觉亮度差都较小。这也从侧面验证了亮度对比度在人眼视觉系统中比色调/色度对目标探测性的影响更大。

5.4.2　场景二实验

本组实验采用第 2 章红外与可见光融合系统采集的图像。为了简便起见，假设源红外图像与可见光图像已经配准，分别如图 5.10(a) 和图 5.10(b) 所示。

为了得到不同的彩色融合图像，下面将四种不同的经典彩色融合算法应用在这组源图像上。这四种方法分别是：

方法一：红外与可见光图像在 CIELAB 空间利用三幅不同的参考图像进行色彩传递融合，融合结果分别如图 5.10(c)、(d)、(e) 所示。

方法二：首先，红外与可见光图像采用基于四层金字塔的融合算法进行融合，然后分别把红外图像映射到红色通道，融合图像映射到绿色通道，可见光图像映射到蓝色通道，从而得到彩色融合图像，如图 5.10(f) 所示。

方法三：红外图像和可见光图像在 YUV 空间中进行色彩传递融合，彩色融合图像如图 5.10(g) 所示。

方法四：采用 TNO 假彩色融合方法[11]对红外与可见光图像进行融合，结果如图 5.10(h) 所示。

以图 5.10(c) 为例，每个目标的 Ω 区域为红色方框内的部分，如图 5.11 所示。然后，在该区域中采用前面提到的阈值分割方法把目标与背景区域分割开，如图 5.12 所示。根据提出的指标评价这组图像中不同彩色融合图像的目标探测性，结果如表 5.2 所示。

(a) 可见光图像   (b) 红外图像

(c) 方法一彩色融合图像1   (d) 方法一彩色融合图像2

(e) 方法一彩色融合图像3   (f) 方法二彩色融合图像

(g) 方法三彩色融合图像   (h) 方法四彩色融合图像

图 5.10　图像融合系统采集的图像实验

图 5.11　目标的最佳敏感区域

图 5.12　目标与背景分割结果

表 5.2　第二组彩色融合图像目标探测性评价结果

参　数	图 5.10(c)	图 5.10(d)	图 5.10(e)	图 5.10(f)	图 5.10(g)	图 5.10(h)
L_t^*	0.7251	0.8999	0.8288	0.8445	0.7446	0.6280
ΔL_p^*	7.3545	4.8777	7.5098	4.6540	3.7110	0.9829
ΔC	0.2488	0.2494	0.3029	0.1396	0.0607	0.3850
Δh	0.2167	0.3141	0.3003	0.2917	0.0926	0.3627
d_k	2.0502	2.2094	2.9202	1.7015	0.7350	0.6049

从表 5.2 可以看出,图 5.10(e) 和图 5.10(d) 的目标探测性较好,图 5.10(c) 也有较好的表现,但是图 5.10(f)、图 5.10(g)、图 5.10(h) 的目标探测性较差。图 5.10(h) 和图 5.10(d) 的色调差最高,这是因为在图 5.10(h) 中目标与背景区域分别呈现红色和绿色,这是一对拮抗色(在第 4 章的 4.4.4 节中有所介绍)。相似地,图 5.10(d) 中目标与背景区域呈现的是另一对拮抗色:黄色和蓝色。但是,图 5.10(h) 在最终的目标探测性指标上表现得最差,这是因为它的目标自身亮度与视觉亮度差最小。比较图 5.10(c) 和图 5.10(d) 可以看出,图 5.10(d) 中的视觉亮度差比图 5.10(c) 中的要小,但是图 5.10(d) 最终的目标探测指标比图 5.10(c) 的大,这是由于图 5.10(d) 中有较好的目标自身亮度分量。值得注意的是,图 5.10(e) 和图 5.10(g) 采用的是在不同色彩空间下的色彩传递算法,虽然它们的参考图像一样,但是在 YUV 空间下融合的图 5.10(g) 比在 CIELAB 空间下融合的图 5.10(e) 表现得差,这也说明了在不同的色彩空间下,即使采用相同的参考图像,得到的融合图像在目标探测性上的表现也是不同的。

5.4.3　场景三实验

第三组场景图像使用 4.4.2 节中用来验证彩色融合算法的实验图像,源图像来源于 TNO,如图 5.13 所示。

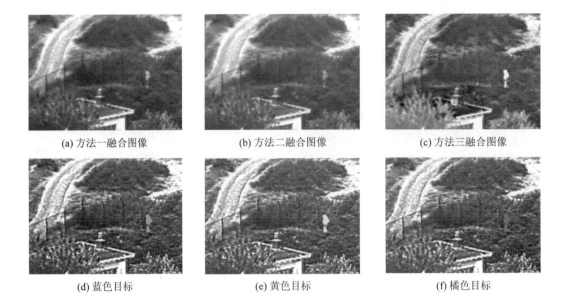

(a) 方法一融合图像　　　　　(b) 方法二融合图像　　　　　(c) 方法三融合图像

(d) 蓝色目标　　　　　　　　(e) 黄色目标　　　　　　　　(f) 橘色目标

图 5.13　融合图像结果

以图 5.13(a)为例，每个目标的 Ω 区域为红色方框内的部分，如图 5.14 所示。然后，在该区域中采用前面提到的阈值分割方法把目标与背景区域分割开，如图 5.15 所示。根据提出的指标评价这组图像中不同彩色融合图像的目标探测性，结果如表 5.3 所示。

从表 5.3 中可以看出，图 5.13(e)和图 5.13(d)具有较好的目标探测性，这主要是因为它们都具有很好的目标/背景视觉亮度差。特别是在图 5.13(e)中，目标赋予的是亮黄色。在第 4 章的表 4.1 中，赋予亮黄色的 Y 分量是 255，使得该颜色的亮度分量最高，这也与图 5.13(e)的目标亮度分量较大是吻合的。

图 5.14 目标的最佳敏感区域

图 5.15 目标与背景分割结果

表 5.3　第三组彩色融合图像目标探测性评价结果

参　数	图 5.13(a)	图 5.13(b)	图 5.13(c)	图 5.13(d)	图 5.13(e)	图 5.13(f)
L_t^*	0.6029	0.7347	0.9744	0.8010	0.9447	0.6738
ΔL_p^*	5.3634	5.8847	5.9394	6.0195	8.8475	3.5783
ΔC	0.3774	0.0168	0.2357	0.4415	0.4704	0.4412
Δh	0.0997	0.2809	0.1325	0.4354	0.1019	0.4643
d_k	1.3445	1.4187	2.4350	2.7885	4.1953	1.5884

图 5.13(c)中目标颜色偏白，所以它具有最大的亮度，这使得该图像也具有较好的目标探测性。图 5.13(a)中的目标探测性最差，这主要是因为它的目标亮度最差，另外目标/背景色调差也最小。图 5.13(f)中，目标/背景区域的色调差最大，这是因为红色与绿色是一对拮抗色，这符合人眼视觉感受的效果。但是该图像的目标探测性并不是最佳，这是因为它的目标亮度和视觉亮度差表现都不好。

该组实验结果，一方面验证了目标探测性客观评价方法的有效性，因为评价结果与主观感受相吻合；另一方面，也验证了在第 4 章中提出的彩色融合算法的优势，该算法根据场景需要赋予目标合适的显著的颜色，的确能够有效地提高目标探测性。

5.4.4　主观验证实验

为了验证彩色融合图像目标探测性客观评价结果与人的主观感受是否吻合，设计了定量的主观评价实验。共有 25 名人员参与这个实验，对于每一组彩色融合图像，要求用分数"1"到"N"来主观地判断图像的目标探测性，分数越高代表目标探测性越好。其中"N"表示该组图像的个数，如在第二组图像中，共有 6 幅彩色融合图像，那么就设置分数为"1，2，3，4，5，6"。所有人员的评价分数累加后，即为最终的主观评价分数。该分数越高，就说明人对图像目标探测性的主观感受越好。

前面三组实验图像的目标探测性的主观评价与客观评价的比较结果分别如图 5.16、图 5.17 和图 5.18 所示。

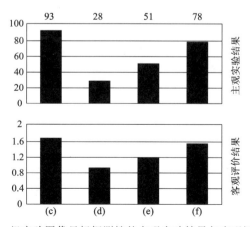

图 5.16　第一组实验图像目标探测性的主观实验结果与客观评价结果比较

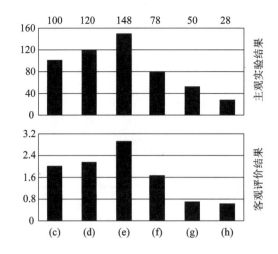

图 5.17　第二组实验图像目标探测性的主观实验结果与客观评价结果比较

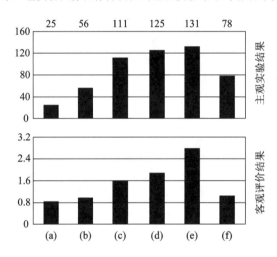

图 5.18　第三组实验图像目标探测性的主观实验结果与客观评价结果比较

　　该主观验证实验表明，彩色融合图像目标探测性客观评价方法与人眼主观感知是吻合的，说明利用四个因素来设计目标探测性客观评价指标是合理的。结合三组实验图像的客观评价结果可以看出，利用任何单一因素（目标自身亮度、目标/背景区域视觉亮度差、区域色度差和区域色调差）来评价目标探测性都不能得到与主观感知相吻合的评价结果，只有综合多个因素设计的目标探测性指标才能得到与主观相吻合的结果，由此验证了算法的有效性。

本章参考文献

[1]　韩晓微. 彩色图像处理关键技术研究[D]. 沈阳：东北大学，2005.

[2]　MARK D. FAIRCHILD. Color appearance models[M]. 3rd ed. NewYork，U. S. A. ：Pearson Education Inc，2013.

［3］　http：//www. cie. co. at/.

［4］　TSAGARIS V，ANASTASSOPOULOS V. Assessing information content in color images［J］. Journal of Electronic Imaging，2005，14(4)：043007.

［5］　MALACARA D. Color vision and colorimetry：theory and applications［C］. Bellingham，WA：SPIE Press，2002.

［6］　OTSU N. A Threshold selection method from gray-level histograms［J］. IEEE Transactions on Systems，Man and Cybernetics，1979，9(1)：62-66.

［7］　YUAN Y H，ZHANG J J，CHANG B K，et al. Objective evaluation of target detectability in night color fusion image［J］. Chinese Optics Letters，2011，9(1)：011101.

［8］　HECHT S. The visual discrimination of intensity and the Weber-Fechner law［J］. The Journal of General Physiology，1924，7：235-267.

［9］　WANG C，YE Z F. Perceptual contrast-based image fusion：a variational approach. Acta automatica Sinica，2007，33(2)：132-136.

［10］　TOET A. Natural colour mapping for multiband nightvision imagery［J］. Information Fusion，2003，4(3)：155-166.

［11］　TOET A，IJSPEERT J K. Perceptual evaluation of different image fusion schemes［C］. Proceedings of SPIE，2001，4380：427-435.

第6章 基于场景理解的彩色融合图像客观评价

6.1 概　述

　　使用彩色融合技术的主要目的在于提高目标探测性以及提高对场景的理解。在第5章中，提出了一种彩色融合图像目标探测性的客观评价方法，该方法可以客观地评价彩色融合图像的目标探测性。但是，对于彩色融合图像而言，目标探测性只是评价融合图像质量的一个方面。如果把目标探测性看作一个局部的评价指标，那么还需要评价彩色融合图像的场景信息是否有助于对场景的理解，这可以看作是对整体图像的评价。

　　近年来，由于彩色融合技术的兴起，已有一些学者对彩色融合图像评价做了研究，如荷兰的 TNO 人力因素研究中心，对基于视觉的彩色夜视图像评价做了研究。这些研究多是设计主观实验，存在费时费力等缺点，所以急需有效的彩色融合图像客观评价方法，但是由于色彩的复杂性，目前对彩色融合图像客观评价的研究还很少。现有的针对彩色图像的研究主要集中在评价彩色图像是否失真，这种方法并不适用于彩色融合图像，因为影响彩色融合图像质量的不仅仅是颜色。V. Tsagaris 通过两个方面来评价彩色融合图像的质量：源图像与最终的彩色融合图像之间的互信息量；彩色融合图像中颜色信息的分布[1]。但是，在人眼视觉系统中，当评价彩色图像质量时，人对互信息并不十分敏感，用它来评价彩色融合图像质量并不十分合适。另外，仅仅从这两个方面来评价复杂的彩色融合图像并不全面。

　　总而言之，目前针对全局彩色融合图像的客观评价方法存在以下问题：

　　(1) 客观评价结果与主观感知结果并不很吻合。

　　(2) 影响彩色融合图像质量的因素较多，单一的某一个评价指标并不能全面地评价彩色融合图像质量。

　　本章提出了一种符合基于场景理解的彩色融合图像客观评价方法，能够评价整幅彩色融合图像的质量。这种评价方法包含四个评价指标，即图像清晰度指标(ISM)、图像对比度指标(ICM)、图像色彩彩色性指标(CCM)和图像色彩自然性指标(CNM)。

6.2 基于场景理解的彩色融合图像客观评价方法

6.2.1 评价指标的选取

人眼对色彩的感知非常复杂，对彩色融合图像的评价也很复杂，单纯地用一个指标或者用一个特征评价彩色融合图像是不合适的。因此，选择合适又全面的评价指标非常重要。M. Pedersen 通过研究发现，经常用来评价彩色图像（注：非彩色融合图像）的指标有六个[2]，它们分别是：

（1）色彩：通常是和颜色有关的信息，如色调、饱和度等。

（2）亮度：这是对视觉感知非常重要的指标，用来区别亮暗程度。

（3）对比度：可以描述为图像中的全局或者局部、亮度或者色度的差异。

（4）清晰度：与图像的细节清晰度以及边缘有关。

（5）工艺参数：包括噪声、造型和等级等。

（6）物理性质：所有影响图像质量的物理特性，如纸张的光泽度等。

但是，在实际应用中，这些指标使用的频率是不一样的，往往人们最重视的只是某几种。M. Pedersen 经过实验，给出了几种常用的彩色图像评价指标的使用频率[2]，如图 6.1 所示。

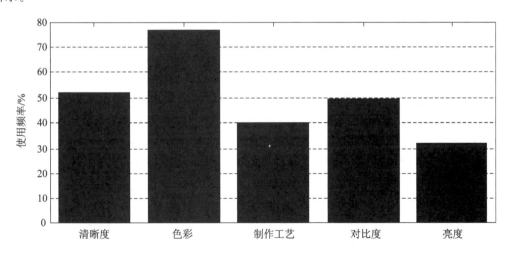

图 6.1　常用的彩色图像评价指标的使用频率

从图 6.1 中可以看出，"色彩""清晰度"和"对比度"是最常用来评价彩色图像的指标，这三个指标对彩色图像评价的贡献最多。

然而，评价彩色融合图像，与评价普通的彩色图像并不完全相同。由于彩色融合图像是假彩色图像，因此人眼对于彩色融合图像的色彩是否自然非常敏感。色彩的自然性定义为物体颜色的逼真度，反映了与现实的对应程度。通过显示器或者其他设备展现的真实世界图像，与人脑中记忆的物体类颜色(称记忆色)属性进行比较，两者的相似程度决定了视觉感知图像的自然程度。结合上面的分析可知，"质量好"的场景信息的彩色融合图像应该有如下这些性质：

(1) 清晰的细节；

(2) 较好的图像全局对比度；

(3) 色彩鲜艳；

(4) 色彩自然。

在灰度图像中，对比度通常用 Michelon 公式或者 Weber 公式定义。但是这些方法往往用来评价灰度图像的局部对比度，在评价全局图像对比度时并不符合人眼感知。此外，这些方法只适用于灰度图像，并不能应用到彩色图像中。因此，需要适用于彩色融合图像的对比度评价指标。

D. Hasler 认为"色彩彩色性"(colorfulness)指标是评价彩色图像最重要的因素，并提出了一种客观评价指标[3]，但是其评价结果与人眼视觉系统并不完全吻合。所以，需要提出新的符合人眼感知的"色彩彩色性"指标。

为了有效且全面地评价彩色融合图像的场景信息，本书设计了四个客观的评价指标[4]：

(1) 图像清晰度指标：通过计算整体图像梯度信息来得到；

(2) 图像全局对比度指标：基于图像的灰度与彩色直方图特性来设计；

(3) 色彩彩色性指标：该指标表示的是色彩的生动程度，该指标的设计基于图像色彩的饱和度与色彩的多样性；

(4) 色彩自然性指标：该指标用来表示人眼对图像的视觉感受与真实世界的吻合程度，所以该指标通过计算融合图像与真实场景的色彩分布的相似性来设计。

在这四个指标的设计中，所有的色彩分量都在 CIELAB 色度空间中计算。

6.2.2 图像清晰度指标

图像的清晰度与图像细节及边缘有关。清晰图像都具有清晰的边缘轮廓及图像细节。而图像边缘一般都位于灰度突变的地方，通过梯度计算可以提取这些边缘。在图像中，灰度变化平缓区域的梯度值较小，而灰度变化较大的边缘区域的梯度值较大。如果图像整体的梯度信息量很大，则说明图像很清晰。在彩色融合图像中，人眼对清晰度的感知也主要与灰度亮度有关，因此，可以根据梯度信息设计图像清晰度指标(Image Sharpness Metric，ISM)。

采用 3×3 大小的 Sobel 算子提取图像的边缘，每个方向的 Sobel 模板为

$$G_x = \begin{pmatrix} -1 & 0 & 1 \\ -2 & 0 & 2 \\ -1 & 0 & 1 \end{pmatrix}, G_y = \begin{pmatrix} -1 & -2 & -1 \\ 0 & 0 & 0 \\ 1 & 2 & 1 \end{pmatrix} \tag{6.1}$$

在图像 I 中，G_x 和 G_y 表示为

$$G_x = [I(x+1, y-1) + 2I(x+1, y) + I(x+1, y+1)] - $$
$$[I(x-1, y-1) + 2I(x-1, y) + I(x-1, y+1)] \tag{6.2}$$

$$G_y = [I(x-1, y+1) + 2I(x, y+1) + I(x+1, y+1)] - $$
$$[I(x-1, y-1) + 2I(x, y-1) + I(x+1, y-1)] \tag{6.3}$$

该模板窗口在整幅图像中遍历每个像素。对于每一个窗口 w，融合图像 I 在像素

(i,j)处的梯度为

$$\nabla I(x, y \mid w) = [G_x{}^2 + G_y{}^2]^{1/2} \tag{6.4}$$

最后，定义整幅图像的像素梯度信息均值为清晰度指标，即

$$\text{ISM} = \frac{1}{|W|} \sum \nabla I(x, y \mid w) \tag{6.5}$$

式中，$|W|$为所有窗口的个数。ISM 的值越大，说明该彩色融合图像的清晰度越好，也就是说，该图像中的细节越丰富且清晰。

6.2.3 图像对比度指标

图像的全局对比度是由图像中像素亮度值的动态范围决定的，它可以定义为像素最亮和最暗的亮度值的比例。具有较好全局对比度的图像应该具有较宽的灰度动态范围以及合适的亮度值。灰度值的动态范围以及整个图像的亮度分布都可以从直方图中看出。直方图描述了图像像素的灰度分布，是反映一幅图像中灰度级与出现这种灰度级的像素的概率之间关系的图形，如图 6.2 所示。

从图 6.2 中可以看出，在较暗的图像中(如图 6.2(a)所示)，直方图集中分布在左侧，即灰度级较低。同样的，明亮的图像(如图 6.2(c)所示)的直方图集中分布在灰度级高的一侧。这两种图像，都存在过暗或过亮的现象，使得图像的全局对比度较低，不适合视觉感知。而对于图 6.2(b)所示的图像，直方图覆盖了较宽的灰度级范围，像素的分布也较为均匀，所以整幅图像具有较好的全局对比度，人眼看上去很舒服。因此，直方图可以反映图像全局对比度。下面根据彩色融合图像直方图的性质提出一种全局对比度指标。

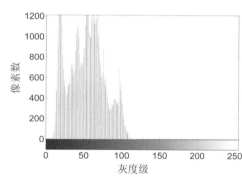

(a) 暗图像及其对应直方图

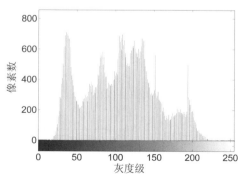

(b) 亮度适中图像及其对应直方图

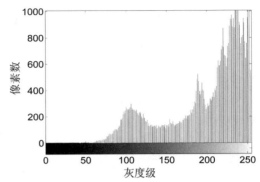

(c) 亮图像及其对应直方图

图 6.2　亮度不同的图像及其直方图

灰度级为$[0，N-1]$的图像的直方图可看作一种频率分布函数，它定义为

$$h(X_k)=n_k \tag{6.6}$$

式中，$k=0，1，2，\cdots，N-1$；X_k 是第 k 级灰度；n_k 是图像中灰度级为 X_k 的像素个数。用图像中像素的总数来除它的每一个值可得到归一化的直方图，又称为概率密度函数（PDF），即

$$P(X_k)=\frac{n_k}{n} \tag{6.7}$$

式中，n 为图像中的像素总数。

图 6.3 和图 6.4 分别是灰度直方图和 CIELAB 空间下 L^* 分量的直方图。值得注意的是，和灰度级不一样，CIELAB 空间下 L^* 分量的取值范围为$[0，99]$，所以它的直方图为 100 级。

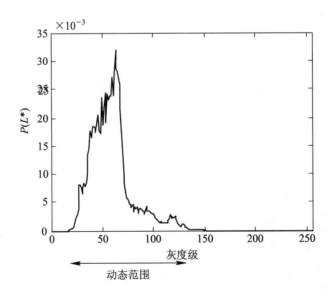

图 6.3　灰度直方图

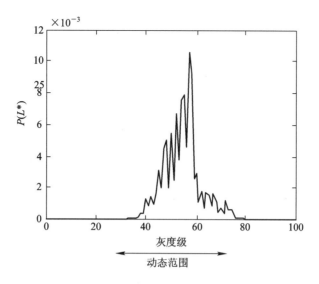

图 6.4　CIELAB 空间中 L^* 分量的直方图(100 级)

　　从图 6.3 和图 6.4 中可以看出，直方图的动态范围表现了图像中像素亮度的集中程度。结合图 6.2 可知，直方图的动态范围越宽，则图像的整体对比度越好。因此，首先定义图像的动态范围值 N_1 为

$$N_1 = \sum_{k=0}^{L-1\ k=0} S(X_k)$$

其中，

$$S(X_k) = \begin{cases} 1 & P(X_k) > 0 \\ 0 & \text{其他} \end{cases} \tag{6.8}$$

　　然后，定义直方图的动态范围指标 α 为

$$N_2 = N - N_1 Y,$$

其中，

$$\alpha = \frac{N_1}{N + N_2} \tag{6.9}$$

N 为亮度级的总数，$\alpha \in [0, 1]$。α 的值越大，说明直方图的动态范围越宽，则对比度会越好。

　　考虑到较亮的图像往往对比度会更好，所以最终设计对比度指标为

$$C = \alpha \sum_{k=0}^{N-1} \frac{X_k}{N} P(X_k) \tag{6.10}$$

　　在彩色图像中，对比度是由灰度对比度和彩色对比度共同决定的。在评价彩色对比度时，人眼对于亮度的变化更加敏感，所以利用 CIELAB 空间中的 L^* 分量来评价彩色对比度。这样，就根据灰度 I 的直方图以及色彩亮度 L^* 的直方图来定义彩色融合图像对比度指标，算法流程如图 6.5 所示。详细的步骤如下：

　　第 1 步，分别计算图像灰度的 PDF 和色彩亮度分量 L^* 的 PDF。需要注意的是，L^* 的值通常为非整数，所以为了简化算法，首先对每个像素的 L^* 分量进行取整操作，即

$$L^* = \text{round}(L^*) \tag{6.11}$$

其中，round(·)为取整过程，它把某变量取值为最接近的整数。I 和 L^* 的 PDF 由式(6.7)计算，分别记为 $P(I_k)$ 和 $P(L_k^*)$。

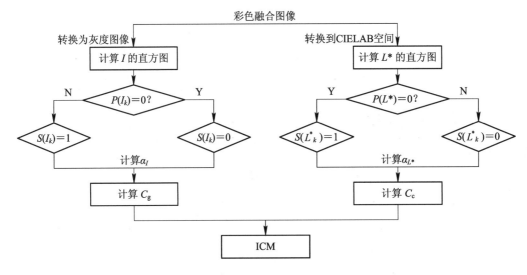

图 6.5 彩色融合图像对比度指标(ICM)计算流程图

第 2 步,利用式(6.8)和式(6.9)分别计算 I 和 L^* 的直方图的动态范围指标 α。对于 I 而言,它的取值范围是 0 到 255,灰度级总个数 N_I 为 256。而对 L^* 而言,它的取值范围为 0 到 100,则亮度级总数 N_{L^*} 为 101。两者直方图的动态范围指标分别记为 α_I 和 α_{L^*}。

第 3 步,利用式(6.10)分别计算灰度对比度指标 C_g 和彩色对比度指标 C_c,即

$$C_g = \alpha_I \sum_{k=0}^{N_I-1} \frac{I_k}{N_I} P(I_k) \tag{6.12}$$

$$C_c = \alpha_{L^*} \sum_{k=0}^{N_{L^*}-1} \frac{L_k^*}{N_{L^*}} P(L_k^*) \tag{6.13}$$

第 4 步,全局的图像对比度指标(Image Contrast Metric,ICM)定义为

$$\text{ICM} = (w_1 \times C_g^2 + w_2 \times C_c^2)^{\frac{1}{2}} \tag{6.14}$$

式中,w_1 和 w_2 分别是 C_g 和 C_c 对 ICM 贡献的权重。在这里,取 w_1 和 w_2 为相等的值,均为 0.5。ICM 的取值范围为 0(最差的对比度表现)到 1(最好的对比度表现)。

6.2.4 图像的色彩彩色性指标

图像的色彩彩色性指标(Color Colorfulness Metric,CCM)描述的是彩色图像中色彩的生动程度。一方面,人对颜色彩色性的感受与颜色的饱和度有很大关系;另一方面,彩色图像中颜色的多样性会使图像看上去更丰富生动。所以,下面提出一种新的基于色彩饱和度和色彩种类特性的评价指标来评价色彩的彩色性。其中,色彩饱和度定义为颜色的色度,而色彩种类特性则定义为整幅图像中像素之间的"色差梯度"值。

首先,色彩饱和度可以通过 CIELAB 空间下的 C^* 分量(参见第 5 章的 5.2.2 节)计算。如果图像的大小是 $M \times N$,则定义图像的色彩色度指标为

$$\text{CCM}_1 = \sqrt{\frac{1}{M \times N} \sum_{i=0}^{N} \sum_{j=0}^{M} C_{ij}^*} \tag{6.15}$$

式中,C_{ij}^* 为每个像素的 C^* 分量。

然后,提出一种"色差梯度"的概念来评价色彩的多样性程度[5]。色差包括亮度差 ΔL^*、色度差 ΔC^* 和色调差 Δh^*。通过第 5 章中 5.2.2 节可知,h^* 是以弧度的形式计算的,所以先把它转换为 0 到 $360°$ 的角度形式,即

$$
\begin{cases}
0° \leqslant h^* \leqslant 90° & a^* > 0, b^* > 0 \\
90° < h^* \leqslant 180° & a^* < 0, b^* > 0 \\
180° < h^* \leqslant 270° & a^* < 0, b^* < 0 \\
270° < h^* \leqslant 360° & a^* > 0, b^* < 0
\end{cases}
\tag{6.16}
$$

定义像素 f_1 与 f_2 的亮度差、色度差和色调差分别为

$$
\Delta L^*(f_1, f_2) = L^*(f_1) - L^*(f_2) \tag{6.17}
$$

$$
\Delta C^*(f_1, f_2) = C^*(f_1) - C^*(f_2) \tag{6.18}
$$

$$
\Delta h^*(f_1, f_2) = 2 \cdot [C^*(f_1) \cdot C^*(f_2)]^{1/2} \sin\left(\frac{h^*(f_1) - h^*(f_2)}{2}\right) \tag{6.19}
$$

式中,L^*、C^* 和 h^* 可通过第 5 章中的式(5.2)、式(5.4)和式(5.5)得到。然后,定义像素 f_1 与 f_2 的色差为

$$
E(f_1, f_2) = \sqrt{[\Delta L^*(f_1, f_2)]^2 + [\Delta C^*(f_1, f_2)]^2 + [\Delta h^*(f_1, f_2)]^2} \tag{6.20}
$$

利用 3×3 的 Sobel 算子模板来定义像素 $f(i, j)$ 处的"色差梯度",即

$$
\nabla f(i, j \mid w) = \sqrt{\left[\left(\frac{\partial E}{\partial x}\right)^2 + \left(\frac{\partial E}{\partial y}\right)^2\right]} \tag{6.21}
$$

其中,

$$
\begin{aligned}
\frac{\partial E}{\partial x} &= E(f_{i-1,j+1}, f_{i-1,j-1}) + 2 \times E(f_{i,j+1}, f_{i,j-1}) + E(f_{i+1,j+1}, f_{i+1,j-1}) \\
\frac{\partial E}{\partial y} &= E(f_{i+1,j-1}, f_{i-1,j-1}) + 2 \times E(f_{i+1,j}, f_{i-1,j}) + E(f_{i+1,j+1}, f_{i-1,j+1})
\end{aligned}
\tag{6.22}
$$

定义图像的色彩多样性指标 CCM_2 为

$$
\mathrm{CCM}_2 = \sqrt{\frac{1}{|W|} \sum \nabla f(i, j \mid w)} \tag{6.23}
$$

式中,$|W|$ 是所有窗口的总数。假设色彩饱和度与色彩多样性在人眼视觉系统中对色彩彩色性的贡献是相等的,把色彩彩色性指标 CCM 定义为 CCM_1 与 CCM_2 的均值,即

$$
\mathrm{CCM} = 0.5 \times \mathrm{CCM}_1 + 0.5 \times \mathrm{CCM}_2 \tag{6.24}
$$

CCM 的值越大,说明该彩色融合图像的色彩越鲜艳生动。

6.2.5 图像的色彩自然性指标

彩色融合图像的色彩自然性指标描述人对彩色图像与真实世界吻合程度的感受。如果图像的色彩与人记忆中真实场景的颜色接近,则认为这幅彩色融合图像的质量较好。所以,把图像的色彩自然性指标定义为彩色融合图像与自然图像(自然图像对应相同场景拍摄的可见光图像,即参考图像)之间颜色分布的相似性。在人眼视觉系统中,当人在感受色彩的自然性时,对色调的敏感程度比对亮度的敏感程度高。所以,用 CIELAB 空间中 a^* 和 b^* 分量的分布来代表图像中的色彩分布。利用灰色关联分析(GRA)理论可以计算彩色融合图像

与自然图像间的相似性。灰色关联分析理论在 4.3.1 节中已作了详细介绍,它可以通过比较序列的几何形状来给出定量的结果,能够有效地评价不同因素间的相关关系。利用 GRA 可以分别计算融合图像与参考图像之间 a^* 分量和 b^* 分量的相似性。基于 GRA 理论的色彩自然性评价指标算法流程如图 6.6 所示。

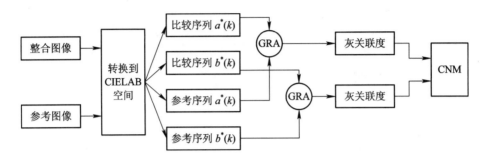

图 6.6 彩色融合图像色彩自然性指标(CNM)计算流程图

具体的步骤如下:

第 1 步,建立比较序列。假设彩色融合图像的大小为 $M \times N$,两个比较序列可表示为 $a^*(i,j)$ 和 $b^*(i,j)$,其中 $i=1,2,\cdots,M$ 且 $j=1,2,\cdots,N$。$a^*(i,j)$ 和 $b^*(i,j)$ 分别为每个像素(i,j)的 a^* 分量和 b^* 分量值。

第 2 步,设定参考序列。与融合图像具有相同场景的自然图像被看作参考图像。参考序列为参考图像中每个像素的 a^* 分量和 b^* 分量,分别表示为 $a_0^*(i,j)$ 和 $b_0^*(i,j)$。

第 3 步,计算灰度关联系数。计算 $a_0^*(i,j)$ 与 $a^*(i,j)$ 之间的灰度关联系数 $\xi_a(i,j)$,以及 $b_0^*(i,j)$ 与 $b^*(i,j)$ 之间的灰度关联系数 $\xi_b(i,j)$。$\xi_a(i,j)$ 与 $\xi_b(i,j)$ 的计算式分别为

$$\xi_a(i,j) = \frac{\min_{i,j}|a_0^*(i,j)-a^*(i,j)| + \zeta \cdot \max_{i,j}|a_0^*(i,j)-a^*(i,j)|}{|a_0^*(i,j)-a^*(i,j)| + \zeta \cdot \max_{i,j}|a_0^*(i,j)-a^*(i,j)|} \quad (6.25)$$

$$\xi_b(i,j) = \frac{\min_{i,j}|b_0^*(i,j)-b^*(i,j)| + \zeta \cdot \max_{i,j}|b_0^*(i,j)-b^*(i,j)|}{|b_0^*(i,j)-b^*(i,j)| + \zeta \cdot \max_{i,j}|b_0^*(i,j)-b^*(i,j)|} \quad (6.26)$$

式中,ζ 为分辨系数,它的取值可以自己设定。在这里,设定它的值为 0.5。

第 4 步,计算灰关联度。分别计算两组参考序列与比较序列间总的灰关联度。$a_0^*(i,j)$ 与 $a^*(i,j)$ 之间的灰关联度 R_a 以及 $b_0^*(i,j)$ 与 $b^*(i,j)$ 之间的灰关联度 R_b 分别为

$$R_a = \sum_{i=1}^{M}\sum_{j=1}^{N} w_0(i,j)\zeta_a(i,j) \quad (6.27)$$

$$R_b = \sum_{i=1}^{M}\sum_{j=1}^{N} w_0(i,j)\zeta_b(i,j) \quad (6.28)$$

式中,$w_0(i,j)$ 为每个像素(i,j)对灰关联的权重,满足:

$$\sum_{i=1}^{M}\sum_{j=1}^{N} w_0(i,j) = 1 \quad (6.29)$$

通常,$w_0(i,j)$ 满足 $w_0(i,j)=1/(M \times N)$。越大的灰关联度意味着比较序列与参考序列的相似性越大。

第 5 步,计算整体的色彩自然性指标(Color Naturalness Metric,CNM)。定义为

$$CNM = \sqrt{R_a R_b} \tag{6.30}$$

CNM 的范围为 0(图像色彩最不自然)到 1(图像色彩最自然)。

6.3 基于场景理解的客观评价与分析

本节可以采用不同的图像组验证四个指标的有效性。实验图像均为可见光与红外彩色融合图像,四个指标即 ISM、ICM、CCM 和 CNM,应用在每一组图像上以评价彩色融合图像的整体的场景信息。

6.3.1 场景一实验

第一组图像来源于自行研制的红外与可见光融合系统,为了简便起见,假设源红外图像与可见光图像已经配准,如图 6.7 (b) 和图 6.7 (c) 所示。图 6.7 (a) 为自然图像,与源图像具有相同的场景,在实验中被看作参考图像,用来评价彩色融合图像的色彩自然性。下面采用了四种彩色融合算法,具体的方法如下:

方法一:红外与可见光图像在 CIELAB 空间利用三幅不同的参考图像进行色彩传递融合,融合结果如图 6.7 (d)、图 6.7 (f) 和图 6.7 (g) 所示。其中,图 6.7 (d) 利用图 6.7 (a) 作为色彩传递的参考图像。

方法二:红外图像和可见光图像在 YUV 空间中进行色彩传递融合,彩色融合图像如图 6.7 (e) 所示。该方法同样利用图 6.7 (a) 作为色彩传递的参考图像。

方法三:采用 TNO 假彩色融合方法对红外与可见光图像进行融合,结果如图 6.7 (h) 所示。

方法四:首先,红外与可见光图像采用基于四层金字塔的融合算法进行融合,然后分别把红外图像映射到红色通道,融合图像映射到绿色通道,可见光图像映射到蓝色通道,从而得到的彩色融合图像如图 6.7 (i) 所示。

四个评价指标 ISM、ICM、CCM 和 CNM 对这组图像的评价结果如表 6.1 和表 6.2 所示。其中,表 6.1 表示的是 ICM 的计算过程,C_g 和 C_c 分别表示灰度对比度指标和彩色对比度指标。

表 6.1 ICM 计算过程(图 6.7)

指标	图 6.7 (d)	图 6.7 (e)	图 6.7(f)	图 6.7 (g)	图 6.7 (h)	图 6.7 (i)
C_g	0.3291	0.3035	0.4263	0.3929	0.0090	0.1661
C_c	0.3188	0.4863	0.2782	0.3551	0.0617	0.2719

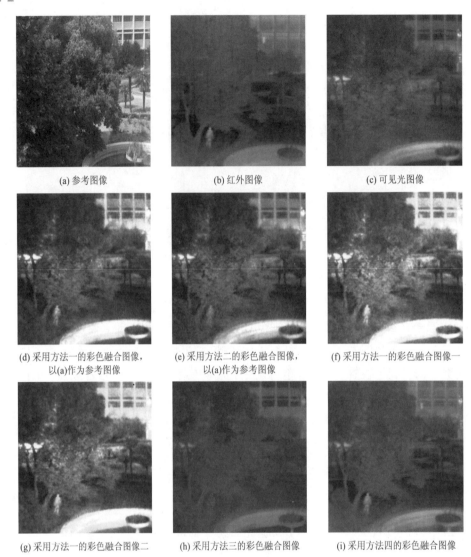

图 6.7　第一组实验图像

表 6.2　第一组彩色融合图像的质量评价结果

指标	图 6.7(d)	图 6.7(e)	图 6.7(f)	图 6.7(g)	图 6.7(h)	图 6.7(i)
ISM	58.5108③	55.3574④	69.3348①	66.3229②	22.8673⑥	29.0268⑤
ICM	0.3240④	0.4053①	0.3600③	0.3745②	0.0441⑥	0.2253⑤
CCM	15.8393④	15.4495⑥	16.2902③	16.5684②	17.2258①	15.5410⑤
CNM	0.7524③	0.7567②	0.7642①	0.7342⑤	0.6358⑥	0.7495④

　　在第一组图像中，图 6.7(f)的 ISM 结果最好，而图 6.7(h)的 ISM 结果最差。这与人眼视觉感知结果相吻合。因为图 6.7(f)中的边缘和细节都很清晰，比如树上的树叶。而图 6.7(h)在某些细节处看上去很模糊，这就导致了它的清晰度不佳。

在图像对比度评价中，从视觉感受上来看，觉得图 6.7(e)的对比度最好，这与 ICM 的评价结果是一致的，因为图 6.7(e)的 ICM 值最大，从表 6.1 中可以看出这是由于该图像具有很好的灰度对比度和彩色对比度。图 6.7(f)具有最好的灰度对比度，但它的彩色对比度并不好。这与视觉感受相符，因图 6.7(f)在某些区域看上去过亮，如建筑那里，导致它的全局对比度不是很好。图 6.7(h)在灰度和彩色对比度上都得分最低，这也与人的主观感受相符。

在色彩彩色性评价中，图 6.7(h)和图 6.7(g)有明显的优势。这和人的主观感受相吻合，因为这两幅图像的颜色看上去更加鲜艳。特别突出的是图 6.7(h)，它具有最浓郁的色彩。因为它的主色调是红色与绿色，这一对拮抗色对视觉上带来很大的冲击，所以图 6.7(h)的 CCM 得分最高。

在图像的色彩自然性评价中，图 6.7(f)、图 6.7(e)和图 6.7(d)都有不错的表现，这表明这几幅图像的色彩与人记忆中的真实世界相近。图 6.7(e)和图 6.7(d)都是利用自然图像 6.7(a)作为色彩传递算法的参考图像，这是它们与自然图像色彩接近的原因。需要注意的是，图 6.7(f)具有最大的色彩自然性，这主要是因为它采用的色彩传递的参考图像与自然图像也很相似。

6.3.2　场景二实验

第二组图像数据由荷兰 Human Factors 的 TNO 提供，与第 5 章中的第一组图像相同。由不同融合算法得到的彩色融合图像如图 6.8 所示，对算法的具体描述详见参考文献[6]和[7]。图 6.8 (a)是自然图像，也是图(b)的色彩传递参考图像，与红外和可见光图像具有相同场景，用于评价彩色融合图像的色彩自然性。

(a) 参考图像(自然图像)　　　　(b) 融合图像1　　　　(c) 融合图像2

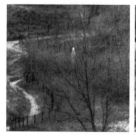

(d) 融合图像3　　　(e) 融合图像4　　　(f) 融合图像5　　　(g) 融合图像6

图 6.8　第二组实验图像

四个评价指标 ISM、ICM、CCM 和 CNM 对这组图像的评价结果如表 6.3 和表 6.4 所示。其中，表 6.3 表示的是 ICM 的计算过程。

表 6.3　第二组图像的 ICM 计算过程

指标	图 6.8 (b)	图 6.8 (c)	图 6.8(d)	图 6.8(e)	图 6.8(f)	图 6.8(g)
C_g	0.1731	0.2746	0.2851	0.2748	0.3927	0.4709
C_c	0.4396	0.4177	0.4314	0.4209	0.1694	0.5227

表 6.4　第二组彩色融合图像的质量评价结果

指标	图 6.8(b)	图 6.8(c)	图 6.8(d)	图 6.8(e)	图 6.8(f)	图 6.8(g)
ISM	70.9847⑥	76.5513⑤	84.2136④	99.1098③	105.0031②	121.8294①
ICM	0.3340⑤	0.3535④	0.3656②	0.3555③	0.3024⑥	0.4975①
CCM	15.4846⑥	16.3673④	16.0087⑤	18.4497③	18.9764②	19.2669①
CNM	0.7679①	0.7233③	0.7542②	0.6940④	0.5922⑥	0.6043⑤

从表 6.4 中可以看出，在这组图像中，图 6.8(g)的 ISM、ICM 和 CCM 都表现得最好，这与人的视觉感受相吻合。图 6.8(f)也有较好的灰度对比度，但是它的颜色太亮并且缺少层次，所以导致它的彩色对比度最差，这也是它的 ICM 得分最低的原因。图 6.8(g)的颜色最鲜艳，这使得它的色彩彩色性评价最好，但是，从它的 CNM 结果来看，色彩很不自然，这也符合视觉感受。图 6.8(b)在 CNM 评价中表现最好，这是因为它利用自然图像作为色彩传递的参考图像。图 6.8(f)的 CNM 得分最低，说明它的颜色在这组图像中是最不自然的，这主要是因为它的主色调是蓝色，这与人对真实世界的记忆相差太远，这也证明了客观评价结果与主观感受的一致性。

6.3.3　场景三实验

第三组图像中的场景主要是石墙、草地、棚子和一个小建筑，还包括树木和栅栏作为背景，如图 6.9 所示。这组图像也是由荷兰 Human Factors 的 TNO 提供，详细介绍可以参考文献[6]。图 6.9(a)是评价色彩自然性的参考图像，也是图(d)色彩传递的参考图像。

四个评价指标 ISM、ICM、CCM 和 CNM 对这组图像的评价结果如表 6.5 和表 6.6 所示。其中，表 6.5 表示的是 ICM 的计算过程。

表 6.5　第三组图像的 ICM 计算过程

指标	图 6.9(b)	图 6.9(c)	图 6.9(d)
C_g	0.4450	0.4321	0.2969
C_c	0.2691	0.3025	0.0803

表 6.6　第三组彩色融合图像的质量评价结果

指标	图 6.9(b)	图 6.9(c)	图 6.9(d)
ISM	65.4945②	68.0234①	43.1162③
ICM	0.3677②	0.3730①	0.2175③
CCM	18.0289①	16.1416②	12.5604③
CNM	0.5979③	0.7262②	0.7980①

(a) 参考图像

(b) 融合图像1

(c) 融合图像2

(d) 融合图像3

图 6.9　第三组实验图像

从表 6.6 中可以看出，在第三组图像中，图 6.9(c) 在清晰度和对比度上表现都最好，这与人的主观感受相吻合。从视觉感受上，会觉得图 6.9(d) 看上去有点暗，并且有些模糊，这也是图 6.9(d) 在 ISM、ICM 和 CCM 上表现得最差的原因。但是它的 CNM 得分最高，这说明它具有最自然的颜色，这是因为它是利用自然图像图 6.9(a) 作为参考图像进行色彩传递得到的融合图像。表 6.6 中得到的客观评价结果也与人眼视觉系统的主观感受相吻合。

6.3.4　CCM 与 Hasler 方法比较

在 6.2.1 节中提到，Hasler 提出了一种客观的评价指标来评价图像的色彩彩色性。这种指标是基于 CIELAB 空间下 a^* 和 b^* 分量的均值和方差来设计的。在本节中，利用图 6.7 和图 6.8 对 CCM 和 Hasler 方法比较。两组图像比较结果如表 6.7 和 6.8 所示。

表 6.7　CCM 与 Hasler 方法对图 6.7 的评价结果比较

	图 6.7 (d)	图 6.7(e)	图 6.7(f)	图 6.7(g)	图 6.7(h)	图 6.7(i)
CCM	15.8393④	15.4495⑥	16.2902③	16.5684②	17.2258①	15.5410⑤
Hasler 方法	55.1273⑥	59.4910②	57.7847④	59.3129③	90.7956①	55.3839⑤

表 6.8　CCM 与 Hasler 方法对图 6.8 的评价结果比较

	图 6.8(b)	图 6.8(c)	图 6.8(d)	图 6.8(e)	图 6.8(f)	图 6.8(g)
CCM	15.4846⑥	16.3673④	16.0087⑤	18.4497③	18.9764②	19.2669①
Hasler 方法	40.3963⑥	47.6867④	43.8222⑤	60.5623③	71.7516①	62.6930②

从表 6.7 中可以看出，Hasler 方法和 CCM 一样认为图 6.7(h)的表现最好。但是，它认为图 6.7(e)的彩色性表现次之，这显然不是很合理。因为图 6.7(g)和 6.7(f)明显看上去色彩更鲜艳，这是因为它们较好的色彩亮度为在人眼中的色彩表现加分。出现这种评价结果差异的原因，主要是 Hasler 方法没有考虑色彩的亮度影响。

从表 6.8 中可以看出 Hasler 方法与 CCM 对图 6.8(b)~图 6.8(e)得到了相同的排序。但是 Hasler 方法认为图 6.8(f)的色彩彩色性最好，这明显不符合人眼视觉感受，因为从视觉感受上，明显图 6.8(g)看上去最鲜艳。造成这种评价差异的主要原因是 Hasler 方法仅仅考虑色彩的色度，而没有考虑色彩的多样性。

由此，可以看出，提出的 CCM 在与人眼视觉的一致性上更具优势。

6.3.5 彩色融合图像客观评价结果分析

根据 6.3 节中基于场景理解的图像质量评价结果发现，一幅图像在某个指标上可能较其他图像好，但是在其他指标上又可能表现得很差。所以，很难用单一的指标来评价整个彩色融合图像的质量。这主要是因为人对彩色图像的感知比对灰度图像复杂得多，不同人在评价彩色图像时可能会侧重不同的方面。所以，提出的四个指标可以应用于不同的方面来满足人们对彩色融合图像不同的感受。但是，仍然希望能够找到一个综合这四个指标的直观方法来评价彩色融合图像的质量。

既然 CCM 和 CNM 都是评价色彩质量的指标，那么把两者结合为一个单独的指标会更加有利于人们对彩色融合图像质量的理解。在人眼视觉系统中，人们在评价彩色融合图像时，对色彩自然性更加重视。色彩自然性与色彩彩色性不是简单的线性关系，假设 CCM 和 CNM 可以以指数的形式结合，其中 CCM 被看作底数，那么，定义一个整体的色彩指标（ECM）为

$$ECM = CCM^{CNM} \tag{6.31}$$

ECM 的值越大，说明图像的整体颜色效果越好。上面每组图像的 ECM 计算结果如表 6.9 所示。

表 6.9　每组图像的 ECM 计算结果

第一组图像	图 6.7(d)	图 6.7(e)	图 6.7(f)	图 6.7(g)	图 6.7(h)	图 6.7(i)
ECM	7.9925	7.9369	8.4363	7.9894	6.1089	7.8165
第二组图像	图 6.8(b)	图 6.8(c)	图 6.8(d)	图 6.8(e)	图 6.8(f)	图 6.8(g)
ECM	8.1983	7.5521	8.0970	7.5613	5.7142	5.9760
第三组图像	图 6.9(b)	图 6.9(c)	图 6.9(d)			
ECM	5.6356	7.5372	7.5336			

在 6.2.1 节中，介绍了文献[2]中提到的几种常用的彩色图像评价指标的使用频率，根据图 6.1 可以看出，"色彩"是彩色图像评价中用到的最多的指标，频率达到 78%。其次常用的指标是"清晰度"和"对比度"，使用频率分别是 52% 和 39%。根据这个实验结果，得出一个假设：指标的使用频率可以看作对该指标的重视程度，那么 ECM、ISM 和 ICM 这三个指标对彩色融合图像质量评价的贡献程度应该是不同的。根据实验中对三种指标的使用频

率，可以把 ECM、ISM 和 ICM 对最终的质量评价贡献程度分别看作 0.78、0.52 和 0.39。这与人的主观感受也是相吻合的。这有助于设计更直观的图表，以便得到更直观的彩色融合图像客观评价结果。为了把这三个指标集合到一个图表中，首先把这三个指标都归一化处理，然后再乘以各自的系数。这样，图表中的三个指标重新计算，即

$$\text{ISM}(k) = \frac{\text{ISM}(k)}{\text{ISM}_{\max}} \times 0.52$$

$$\text{ECM}(k) = \frac{\text{ECM}(k)}{\text{ECM}_{\max}} \times 0.78 \tag{6.32}$$

$$\text{ICM}(k) = \frac{\text{ICM}(k)}{\text{ICM}_{\max}} \times 0.39$$

式中，$k = 1, 2, \cdots, N$，N 为该组图像的个数。$\text{ISM}_{\max}$、$\text{ECM}_{\max}$ 和 $\text{ICM}_{\max}$ 分别为该组图像 ISM、ECM、ICM 的最大值。每组彩色融合图像的评价图表如图 6.10～图 6.12 所示。

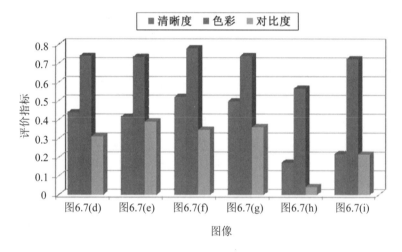

图 6.10　第一组图像三个评价指标的图表

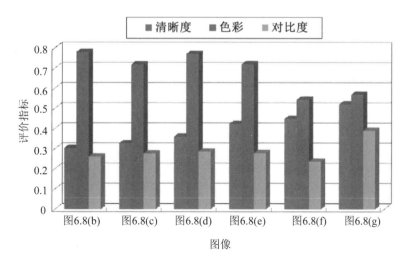

图 6.11　第二组图像三个评价指标的图表

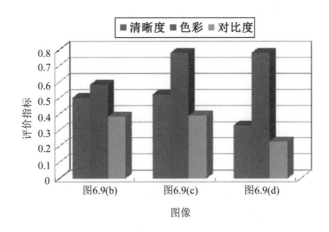

图 6.12 第三组图像三个评价指标的图表

从图 6.10 中可以看出，如果把"色彩"看作对彩色融合图像最重要的评价指标，那么图 6.7(f)明显是质量最好的，它的其他两个评价指标也较高。图 6.7(d)、图 6.7(e)和图 6.7(g)次之，它们的 ECM 分数相近。但是，图 6.7(g)的清晰度指标比其他两个都高，所以图 6.7(g)可以看作第一组图像中质量仅次于图 6.7(f)的彩色融合图像。这与人的主观感知结果一致。

从图 6.11 中可以看出，图 6.8(b)和图 6.8(d)都具有很好的色彩表现。但是，图 6.8(d)的清晰度与对比度指标更高，这使得它从视觉上看上去质量更好，所以图 6.8(d)可以看作这组图像中质量最好的图像。这与人的主观评价结果也是相吻合的。

从图 6.12 中可以看出，图 6.9(c)和图 6.9(d)在色彩质量评价上差不多。但是，图 6.9(c)的清晰度和对比度指标比图 6.9(d)好很多。所以，图 6.9(c)可以看作这组图像中质量最好的。这与人的主观感受一致。

这样，通过这种图表的方式，可以更直观地评价彩色融合图像的质量，从而可以更容易地选择质量最佳的图像。

6.4 彩色融合算法的客观评价

第 5 章利用彩色夜视图像目标探测性客观评价方法评价了第 4 章中提出的彩色融合算法的目标探测性。本节利用提出的基于场景理解的彩色融合图像客观评价方法对提出的彩色融合算法进行评价。同样使用第 4.4.2 节中用来验证彩色融合算法的实验图像，如图 6.13 所示。

需要说明的是，该组图像的源可见光与红外图像由 TNO 提供，但是没有提供相同场景的自然图像，下面以方法一中用到的色彩传递的参考图像作为自然图像，来评价每个图像的色彩自然性。

四个评价指标 ISM、ICM、CCM 和 CNM 对这组图像的评价结果如表 6.10 所示。

(a) 参考图像　　　　　　　　(b) 方法一融合结果　　　　　　　(c) 方法二融合结果

(d) 方法三融合结果　　　　　　(e) 方法四融合结果

图 6.13　实验图像（具体算法见第 4 章）

表 6.10　对第 4 章提出的彩色融合算法的评价结果

指标	图 6.13 (b)	图 6.13(c)	图 6.13(d)	图 6.13(e)
ISM	59.9515③	59.8892④	80.9143②	137.8445①
ICM	0.2629④	0.2643③	0.5588①	0.3647②
CCM	17.9911②	17.9848③	17.7625④	18.2835①
CNM	0.7698③	0.7607④	0.7657②	0.7749①

为了更加直观地评价这组图像，也同样绘制出 6.3.4 节设计的图表。为了更加全面地评价这组图像，把第 5.4.3 节中对这组图像的目标探测性客观评价结果也加入图表，共采用四个指标——清晰度、色彩、对比度和目标探测性来全面地评价图像质量。同样地，为了把目标探测性指标集合到这个图表中，首先把目标探测性指标归一化处理，然后再乘以系数。因为目标探测是彩色融合技术最重要的目的之一，所以选择目标探测性指标的系数为 1。这组图像的评价图表如图 6.14 所示。

从图 6.14 可以看出，图 6.13(e) 在目标探测性、色彩和清晰度指标上表现最好，所以图 6.13(e) 是这组彩色融合图像中质量最好的。值得注意的是，图 6.13(e) 的清晰度指标最高，是因为它的局部对比度最好，所以图像看上去最清晰，最符合人眼视觉感受。其次是图 6.13(d)，它的对比度指标最高，该图像看上去最通透，与人的视觉感受相吻合，目标探测性和清晰度指标都仅次于图 6.13(e)，但色彩指标最差，这主要是因为它的色彩彩色性指标最差，色彩也不够自然。图 6.13(b) 和图 6.13(c) 两者的质量相近，但图 6.13(c) 的目标探测性更好，这也是图 6.13(c) 采用融合算法的目的。

因此，从以上分析可以看出，提出的基于目标分割和增强的彩色融合算法与其他算法相比的确具有明显优势。

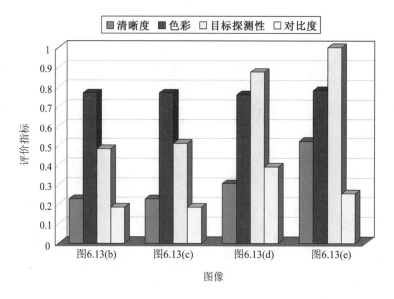

图 6.14   全面评价图表

本章参考文献

［1］ TSAGARIS V. Objective evaluation of color image fusion methods［J］. Optical Engineering，2009，48（6）：066201.

［2］ PEDERSEN M. Attributes of image quality for color prints［J］. Journal of Electronic Imaging，2010，19：011016.

［3］ HASLER D. Measuring colorfulness in natural images［C］. Proceedings of SPIE，2003，5007：87-95.

［4］ YUAN Y H，ZHANG J J，CHANG B K，et al. Objective quality evaluation of visible and infrared color fusion image［J］. Optical Engineering，2011，50（3）：033202.

［5］ YUAN Y H，XU H，MIAO Z，et al. Real-time infrared and visible image fusion system and fusion image evaluation［C］. Proceedings of IEEE Symposium on Photonics and Optoelectronics，2012，5：1-4.

［6］ TOET A. Natural colour mapping for multiband nightvision imagery［J］. Information Fusion，2003，4（3）：155-166.

［7］ TOET A，IJSPEERT J K. Perceptual evaluation of different image fusion schemes［C］. Proceedings of SPIE，2001，4380：427-435.

第 7 章　红外与可见光融合系统噪声理论

图像在获取和传输过程中，通常会受到噪声的污染[1]，单波段成像系统所提供的用于融合的源图像往往包含一定量的噪声[2-3]。在整个融合成像系统中，引入噪声的因素多种多样，如何客观评价这些融合算法在噪声研究方面的性能，探究融合电路板在融合源图后图像噪声发生了哪些变化，国内外研究大多是将噪声进行数学仿真计算，借助计算机软件进行某些图像评价参数的计算。

7.1　红外与微光的噪声特性分析

微光成像系统一般包含直视微光成像系统和微光电视系统。直视微光成像系统即微光夜视仪，采用像增强器的光电放大使低照度成像结果达到提高亮度和对比度等增强效果，以适应人眼观察[4-5]。而微光电视系统把像增强器技术和视频显示技术有机结合为一体，将增强后的图像以视频方式直接按所需视频制式进行播出[6]。

直视微光成像系统和微光电视系统这两者的核心装置均为像增强器。近几十年来像增强器的研究成果颇多，产品已到第四代，主要依靠光电增强放大技术，当有效信号被放大时，很多无效噪声信号也会随之被放大，这也是微光成像系统的主要噪声来源。微光成像的过程如图 7.1 所示。

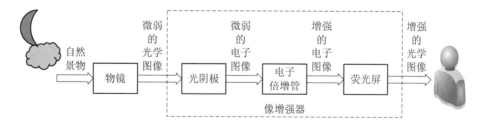

图 7.1　微光成像过程示意图

微光图像有以下几个特点：灰度和对比度均较低；目标不易识别；背景细节模糊；边缘区分不明显。图像的成像质量与当下采样场景照度有很大关系[7]。在微光图像中，按来源不同，可粗分噪声为像增强器噪声、CCD 噪声等大类，也可细分为像增强器热噪声、入射光量子噪声、$1/f$ 噪声、微通道板固定图案噪声、CCD 器件噪声等[8]。具体分类如图 7.2 所示。

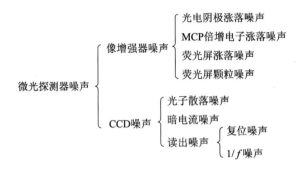

图 7.2　微光噪声分类

红外成像系统的成像原理主要是根据热辐射定律：物体表面温度不同，将会有不同的热辐射，将探测器接收到的场景热辐射信号通过光电转换变为电信号并显示在显示屏上，就得到了与人眼观察习惯较不符合的红外图像[9]。其特点在于：对温度响应；热目标轮廓清晰；可弥补其他波段不可探测的细节信息[10]。目前红外成像主要采用非致冷焦平面阵列器件，该类器件的主要芯片集成有数万个乃至数十万个信号放大器，并位于光学成像系统的焦平面上端[11]，成像过程如图 7.3 所示。

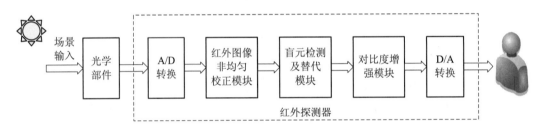

图 7.3　红外成像过程示意图

国际上把红外噪声建立为一种三维概念，依据美国 NVESD FLIR92 三维模型给出的比例缺省值，红外图像中的各种噪声可被划分为随机噪声和固定图案噪声（Fixed Pattern Noise，FPN）两个大类[10]。随机噪声可分为热噪声和光量子噪声。而固定图案噪声可分为乘性噪声（非均匀性、扫描型阵列盲元）和加性噪声（椒盐噪声，属于凝视型焦平面阵列盲元）。具体分类如图 7.4 所示。

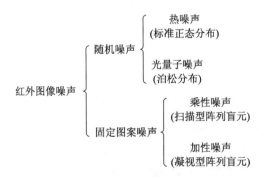

图 7.4　红外图像噪声分类

红外探测器可传输出多幅不同场景的图像时，在同一位置会固定出现相同类型的噪声称为固定图案噪声。固定图案噪声主要由探测器自身响应单元的非均匀、焦平面阵列缺陷等造成。体现在图像上表现为图像灰度非均匀性和坏点（以下称为盲元）。随机噪声和固定图案噪声有一定的线性关系，设时空随机噪声是 σ_{tvh}，而固定图案噪声用 σ_{vh} 表达，则两者关系为 $\sigma_{vh}=0.4\sigma_{tvh}$，图像总噪声 σ_{sys} 可表示为如下公式：

$$\sigma_{sys}=\sqrt{\sigma_{tvh}{}^2+\sigma_{vh}{}^2} \tag{7.1}$$

噪声分量 σ_{vh} 可由下式给定：

$$\sigma_{tvh}=\frac{4F^2\sqrt{\Delta f_{noise}}}{\tau_0\sqrt{A_d}\displaystyle\int_{\lambda_1}^{\lambda_2}D^*(\lambda)\frac{\partial L(\lambda,T)}{\partial T}d\lambda} \tag{7.2}$$

式中，$\sqrt{\Delta f_{noise}}$ 表示噪声等效带宽，A_d 为探测器面积，$D^*(\lambda)$ 为探测率，τ_0、F 分别表示光学系统透过率和系统光圈数，$\partial L(\lambda,T)/\partial T$ 为光谱辐射亮度的偏导数。

随机噪声之所以称为随机噪声，是因为其何时出现、出现在哪里、灰度值多少均不确定[11]。随机噪声主要由红外背景辐射的光子起伏、红外探测器光电转换和信号读出过程中噪声的引入，以及读出电路和处理电路等硬件系统的附加干扰引起[13]。

图 7.5 所示为含噪声的红外和微光图像，从图中可看出，红外非均匀噪声表现为图像中的暗线或明线，有行列单一非均匀以及混合非均匀的特点，同时包含若干盲元。微光图像可明显看出有雪花状噪点，并且当照度较低时，图像几乎已经被噪声掩盖，根本无法识别目标与场景。

(a) 含行噪声的红外图像

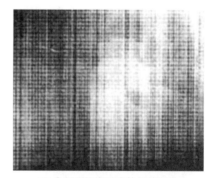

(b) 含行列混合噪声的红外图像

(c) 含列噪声的红外图像

(d) 含噪声的微光图像

图 7.5　含各类噪声的红外与微光图像

红外和微光的成像系统中，有很多共同的噪声来源，如热噪声、光子噪声等。而红外图像一般又包含一种自有的噪声，即固定图案噪声，体现在图像上为人眼可识别的非均匀性竖线或水平线，图像肉眼观察有分割感，某些像素点还体现为明或暗的点，一般称为盲元。这几类噪声数量级较大，人眼识别度较高，对单一波段源图像以及融合成像结果会造成较大的影响，也是系统噪声的主要来源；其他噪声因子由于数量级达不到主要噪声的十分之一级别，为了便于展开研究，降低复杂度，可暂时忽略不计。

综上，虽然现在红外与微光图像的预处理技术发展已经非常先进，去噪算法层出不穷，但是图像噪声不可能在保留有效信息的前提下完全去除，它们不可避免地会出现并干扰信息的获取，所以研究噪声对融合图像产生的影响很有意义。下面将对几类典型的微光及红外噪声的成因及其特性进行分析，以便提取数学模型，作为硬件仿真的理论基础。

7.2 典型噪声的数学建模

微光与红外两波段的图像由于各自成像过程中均存在信号放大与传输、光电转换等步骤，成像装置和读出电路等设备在工艺上又存在不可避免的缺陷，所成图像必然附加多种噪声，如热噪声、光子噪声、$1/f$ 噪声、固定图案噪声、器件噪声等。热噪声和光子噪声是微光和红外波段共同的噪声，而非均匀性噪声是红外波段特有的噪声，这三种噪声为红外与微光波段典型的噪声种类，下面将对其进行详细的特性分析与数学建模。

7.2.1 热噪声

热噪声也称电阻噪声，其引入原因在于一些电阻电容等元器件中电子的无规则布朗运动，由此可知，热噪声也是红外和微光成像系统共同存在的噪声种类之一[13]。

热噪声的产生来源于自然界中电子等小颗粒的无规则运动，电子间的互相碰撞不可避免，噪声的幅值和电子运动的剧烈程度有关，与器件自身温度和电阻值相关。即便电路板没通电，热噪声也会一直存在，这是热噪声与其他噪声的一个很大区别[14]。不论红外还是微光成像系统，热噪声的来源都多种多样，且几乎存在于成像的各个环节。假设电阻 R 的温度为 T，则该电阻在热激发情况下使电压产生了波动，用功率谱密度函数公式表示，如下式所示。

$$S(f) = 4kTR \tag{7.3}$$

式中，k 表示玻尔兹曼常数，值为 1.38×10^{-23} J/K；T 表示电阻器的绝对温度，单位为 K；R 为器件阻值。从式(7.3)可以看出，其功率谱密度和频率没有相关性，可将其归为白噪声，服从正态分布，均值和方差与各个系统自身的噪声特性相关，正态分布概率密度函数如图 7.6 所示。

综上，进行微光和红外噪声的仿真，热噪声必不可少，它来源广泛，频谱宽阔，普遍存在于各个系统中并且占据主导地位。由概率统计学原理可知，高斯分布与频率无关且在频段中均匀分布，而热噪声正好符合该特点，故用高斯随机序列模拟热噪声有可靠的依据。根据热噪声的成因，其被定性为一种加性噪声，与图像像素值为线性加权关系。

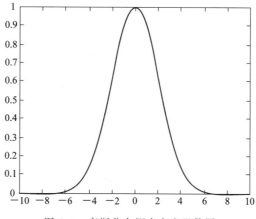

图 7.6　高斯分布概率密度函数图

7.2.2　光子噪声

　　光子噪声又称为入射光量子噪声，也是红外和微光成像系统共同存在的噪声。光子噪声的成因与热噪声不同，由于光子辐射器件中的载流子存在无规则波动，场景中物体的入射光辐射也存在起伏，这些起伏最终导致探测器响应电压值的变化。光子噪声可分为量子噪声和波动噪声，其中量子噪声由入射光子波动导致，所占比重较大。根据量子力学原理，量子噪声属于严格的泊松分布。而波动噪声由入射光子的频率决定，导致光子发射具有波列相关特性，所占比重较小[15]。量子噪声归属的泊松分布概率密度函数满足如下公式：

$$p(k) = \frac{(m_v)^k}{k!} e^{-m_v} \tag{7.4}$$

式中，m_v 表示光子数量。光子数量的计算公式如下：

$$m_v = \eta \overline{m} = \frac{\eta \int_S I(r,t) \mathrm{d}S}{hv} \tag{7.5}$$

式中，r 为被测像素点坐标单元(x,y)，η 是量子效率，$I(r,t)$ 是时间为 t 时入射位置 $r(x,y)$ 的光强，S 是探测器像素单元的面积。泊松分布的概率密度函数如图 7.7 所示。

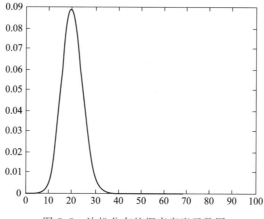

图 7.7　泊松分布的概率密度函数图

由上可知，光子噪声中量子噪声所占比重较大，而量子噪声服从泊松分布。除此以外，在红外系统的读出电路中包含的散射噪声 V_{sh}、损失噪声 V_{tr} 等较微弱噪声，均可映射为红外图像的泊松噪声。

根据其成因，光子噪声与热噪声一样，也可被定性为一种加性噪声，与图像像素值为线性加权关系。在某些情况下，很多研究并不认为泊松噪声是成像系统的主要噪声源，但是泊松噪声可用于表示噪声最低极限，而且在很多低照度场景中，其他噪声均可被各种去噪手段去除，仅留下泊松噪声。

综上，在微光和红外噪声仿真中光子噪声也是必不可少的元素。用泊松分布的随机数来代替与光量子相关的一系列微小噪声是可行的，后续做红外与微光成像系统中泊松噪声的 FPGA 仿真时，可以首先生成泊松随机序列，均值和方差根据测试需求而改变，其次将随机序列值随机赋给图像中的像素点，达到模拟符合泊松分布的噪声效果。

7.2.3 非均匀性噪声

在红外成像过程中，产生红外图像非均匀性的原因多种多样，最终在图像上综合表现出人眼可识别的非均匀性噪声，红外成像过程中几个引入非均匀性噪声的环节如图 7.8 所示。

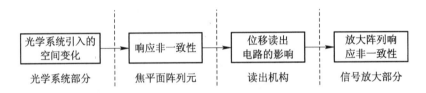

图 7.8 非均匀性噪声引入环节

以上几个环节是非均匀性噪声的来源，可归纳为：

（1）器件自身的非均匀性；

（2）器件工作状态引入的非均匀性；

（3）器件响应的非线性；

（4）与外界输入相关的非均匀性。

虽然红外成像系统与微光成像系统一样，都有预处理过程，如盲元检测、非均匀校正等，经过预处理后，图像的非均匀程度可降低很多，但目前的技术水平较低以及校正方法自身的缺陷导致无法将噪声完全去除，残留下来的非均匀性最终成为红外成像系统的主要噪声来源，也是噪声仿真研究不可回避的组成元素[16]。

如图 7.8 所示，红外非均匀性噪声的来源多种多样，主要是由于探测元响应不一致，以及像素读出电路的非线性等因素导致，为相互耦合关系，最终在图像上综合表现出来。所以建模和仿真时可根据各种噪声的成因分别进行，最终再以某种方式组合起来。

根据电路知识中的叠加原理，一组固定电压或电流可以直接相加，本章中提到的随机噪声表现为波动电压，但是不可直接类比叠加定理，需要经过一系列分析和证明。人们研究噪声一般是以平均噪声功率来表征其幅度，如果把两个噪声波形相加后再取均值，如下式所示：

$$P_{av} = \lim_{T \to \infty} \frac{1}{T} \int_{-T/2}^{T/2} \left[x_1(t) + x_2(t) \right]^2 dt$$

$$= \lim_{T \to \infty} \frac{1}{T} \int_{-T/2}^{T/2} x_1^{\ 2}(t) dt + \lim_{T \to \infty} \frac{1}{T} \int_{-T/2}^{T/2} x_2^{\ 2}(t) dt + \lim_{T \to \infty} \frac{1}{T} \int_{-T/2}^{T/2} 2x_1(t) x_2(t) dt$$

$$= P_{av1} + P_{av2} + \lim_{T \to \infty} \frac{1}{T} \int_{-T/2}^{T/2} 2x_1(t) x_2(t) dt \tag{7.6}$$

式中，P_{av1} 和 P_{av2} 分别表示两个不同噪声的平均功率，这两个波形相关性由另外一项积分多项式表示。在成像系统中，一般噪声来源于不同的器件，各个器件产生的噪声一般来说不具有相关性，即式(7.6)第三项可表示为零。式(7.6)最终化简为

$$P_{av} = P_{av1} + P_{av2} \tag{7.7}$$

更多不相关来源的噪声同样可以叠加，证明同理。所以在各类非均匀性噪声的产生源头没有相关性时，对红外噪声仿真，可按照非均匀性噪声的几类来源分别进行建模，再进行直接累加。下面将分类讨论几种非均匀性噪声的产生原因。

1. 探测单元的非均匀性噪声

由红外探测单元响应过程中可知，单个探测元的响应是线性的，可用如下的线性数学公式表示：

$$I_i = A_i \times x_i + b_i \qquad (i = 1, 2, \cdots, M \times N) \tag{7.8}$$

式中，I_i 表示探测元的响应；A_i 是各个探测元的增益；x_i 表示入射光子辐射；b_i 代表各个单元相对于均值的偏移量；$M \times N$ 表示阵列探测元数，即所成红外图像分辨率为 $M \times N$。

探测单元产生非均匀性的原因在于：虽然单个探测单元的响应固定，但由于工艺限制，与其他探测单元无法保持一致，其 A_i 和 b_i 不能保持完全不变。整个红外图像的非均匀性有一部分来源于此。硬件仿真时，可通过假设不同的 A_i 和 b_i 的分布形式以及不同的均值方差，来体现探测元响应中响应系数和偏移系数的非均匀性。

本章中，将增益系数 A_i 设置为服从 $N(1, \sigma_{A_i}^{\ 2})$ 的高斯分布，均值设置为 1，表示噪声浮动于原图像像素点灰度值附近；σ_{A_i} 为可变化值，根据具体实验情况中所需要的噪声波动大小，设置不同的方差。将偏置系数 b_i 设置为服从 $N(0, \sigma_{b_i}^{\ 2})$ 的高斯分布的随机数，均值为 0，表征正常状态下探测元响应不会发生偏移；σ_{b_i} 与 σ_{A_i} 同理，也为可变值，根据具体实验情况中所需要的噪声波动大小设置不同的方差，最终可得模拟的探测元响应值。

2. 读出电路的非均匀性噪声

红外探测器另一个引入非均匀性的因素是读出电路（Readout Integrated Circuit，ROIC），读出电路是红外焦平面阵列(IRFPA)的组成部分，对红外成像起到很关键的作用。红外探测器感应的是很微弱的信号，需要进行预处理，例如积分、放大、滤波、采样等，焦平面阵列产生的阵列信号需要进行串/并转换，这些均由读出电路来完成。不同的成像系统，读出电路结构差别很大，但是一般都具有多个读出通道，将对探测器的光响应分别进行操作，多路传输[17]。

通过对读出电路的工作方式进行研究可知，每一个读出通道的响应和其噪声特性基本一致，而不同读出电路通道的响应和噪声特性会有较大区别，相应参数有所变化，由于不同通道的非均匀性最终造成整幅红外图像的行列非均匀性。一般读出电路的通道分组方式多种多样，有行分组、列分组、行列交织等、其典型结构如图 7.9 所示。

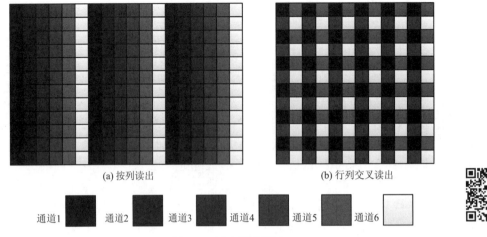

(a) 按列读出　　　　　　　　　　(b) 行列交叉读出

■ 通道1　　■ 通道2　　■ 通道3　　■ 通道4　　■ 通道5　　□ 通道6

图 7.9　读出通道模型

图 7.9 中包含两种通道分组方式，其中，图 7.9(a)为逐列划分，图 7.9(b)则经过行列交织划分。图 7.9(a)中的 6 个通道不是指读出电路的具体数值为 6，而只是一个概念性数字。可假设一个成像系统中，共有 N 个通道，每个通道有 M 个像素点，延续上述单个探测元响应的建模方式，设 I_i 为第 n 个通道的探测元响应，则有

$$Y(i,j) = c_n \times I(i,j) + d_n \tag{7.9}$$

式中，c_n 与 d_n 分别表示第 n 个读出电路通道叠加在探测元输出单元 $I(i,j)$ 上的乘性与加性系数。为了体现读出电路不同，通道响应不同，仿真其非均匀性时，可设探测器每组读出电路通道的 c_n 和 d_n 服从不同的随机分布，具体设置如表 7.1 所示。

表 7.1　读出通道的响应和偏移值分配表

通道编号	c_n		d_n	
	均值 μ	标准差 σ	均值 μ	标准差 σ
1	1.25	0.10	0	5
2	1.26	0.15	0	6
3	1.27	0.20	0	7
4	1.28	0.25	0	8
5	1.29	0.30	0	9
6	1.30	0.35	0	10

综上所述，非均匀性噪声的仿真主要通过将探测单元的非均匀性和读出电路的非均匀性分别进行分析和建模，再将两个因素噪声的非均匀性进行累加。其中，每个探测器的增益和偏移系数、每组读出电路通道之间的响应和偏移均服从不同的随机分布，式(7.6)~(7.9)中的非均匀噪声可通过行列拆分，再按照上述线性公式组合的思路进行仿真。

7.3 均匀分布伪随机序列的生成方法

要想进行这几种典型噪声的仿真，高斯分布随机数和泊松分布随机数的生成是关键，但在 FPGA 中，直接生成高斯序列或泊松序列不太容易，需要另辟蹊径。概率论中有一个著名结果[18]：若 ω 是一个在区间 $(0,1)$ 内均匀分布的随机变量，则可以通过求解下面的方程来得到具有指定累积分布函数（CDF）和 F_z 的一个随机变量 z：

$$z = F_z^{-1}(\omega) \tag{7.10}$$

根据上述概率论定理，首先需要生成在 $(0,1)$ 空间分布的均匀随机序列。在很多随机模拟中，我们需要产生随机变量的一系列样本值，这些样本值，我们称之为随机数。只要有了这种均匀随机序列，其他分布的随机数都能由它经过求反函数得到精确值，或者通过各种变换办法求得近似值。下文所提及的随机数若不说明具体分布，就表示该序列归属于均匀随机。

计算机上的随机数仿真，一般利用一些附加物理设备来产生，这种设备称为随机数发生器。在没有随机数发生器的计算机上，可以用某种完全确定的规则，通过计算递推公式产生一系列数，这种数列具有类似于随机数的统计性质，如果可以通过随机数的相关统计检验实验，在现实中就可以把它当作随机数来运算，这种数列通常称为伪随机数。在相关研究中常用伪随机数来替代随机数。

相比于计算机仿真，基于硬件平台的真随机序列则更难以实现，且无法控制时序。如果一个伪随机数序列可以通过统计实验的验证，那么在精确度满足要求的情况下可近似为随机数，以便于后续的研究。伪随机序列和随机序列相比较，很适用于现实问题的解决，例如通信噪声测试、计算机模拟仿真等，其生成方法及原理将在下文中进行详述。

伪随机数不同于真随机数，可重复进行试验，每得到同一组随机序列值，其统计实验结果可进行反复校验。以上特点决定了伪随机序列的硬件实现会避免很多复杂问题，并且会避免占用过多 FPGA 资源。伪随机数的实现方法多种多样，比较经典的方法就是线性同余法和移位寄存器法，下面将对其进行详细介绍，并针对其生成过程中的问题，结合 FPGA 硬件实现中一些特点，提出一种改进方法。

7.3.1 线性同余法

线性同余法（Linear Congruential Generator，LCG）由 Lehmer 在 1951 年提出[19]，以数论中的同余运算为理论基础来产生随机数，它的序列推导公式为

$$x_i \equiv A x_{i-1} (\bmod M) \qquad i = 1, 2, \cdots \tag{7.11}$$

设产生的非负整数序列为 $\{x_i\}$，其中 M 与周期有关，如果想要有较大的周期，则需要取充分大的整数，结合硬件实现特点，一般取为 2 的方幂，A 与初始值 x_0 均为小于 M 的非负整数。令

$$\xi_i \equiv \frac{x_i}{M} \qquad i = 1, 2, \cdots \tag{7.12}$$

经过统计试验，可以检验一个伪随机数序列的随机性好坏。此序列至多经过 M 步就要重复，也就是说，它的周期不超过 M。对于用作随机模拟的目的来说，当然必须使伪随机数的周期大于模拟中所要利用的随机数的个数。因此，如何来选择 A、x_0、M 的取值很有讲究，需要找到最佳组合才能确保上述伪随机数的周期足够大。

可以证明，若 $M = 2^k$，其中 $k > 2$ 且为一整数，则此伪随机数序列在下列条件下达到最大的周期为 2^{k-2}[20]：条件(1)$A \equiv 3(\bmod 8)$ 或 $5(\bmod 8)$；条件(2)x_0 为奇数。

通常为了使周期尽可能地大，一般都将 k 取成接近于处理器可处理的最长位宽，同时为了保证伪随机数的统计性质较好，A 不能取得太小。例如，取 $M = 2^{29}$，$A = 3^{17}$，$x_0 = 1$ 或 $M = 2^{34}$，$A = 3^{19}$，$x_0 = 1$ 等。

现在将条件(1)与(2)改写成更便于计算的形式。令 $S(x)$ 表示数 x 的小数部分，于是利用条件(2)，可将条件(1)改写为

$$x_i = S\left\{\frac{Ax_{i-1}}{M}\right\} M = S\{A\xi_{i-1}\} M \tag{7.13}$$

因而有

$$\xi_i = S\{A\xi_{i-1}\} \qquad i = 1, 2, \cdots \tag{7.14}$$

其中初始值为

$$\xi_0 = \frac{x_0}{M} \tag{7.15}$$

利用式(7.13)与(7.14)，就很容易通过编程产生均匀分布的伪随机数序列。利用 MATLAB 编程仿真，得到线性乘同余法生成(0，1)分布的 1000 组伪随机数仿真图如 7.10 所示。

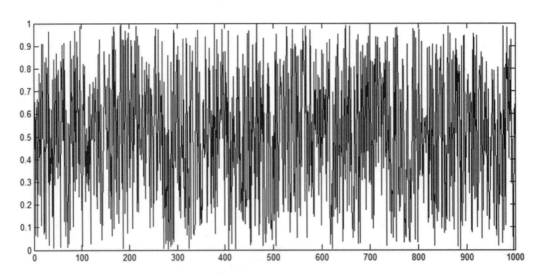

图 7.10　均匀分布伪随机数仿真图

利用 MATLAB 进行数据处理，对乘同余法产生的伪随机数据进行均匀性、分布参数、独立性的验证，可以发现乘同余法生成的伪随机数基本符合均匀随机的统计特性。

7.3.2 线性反馈移位寄存器法

常用的伪随机序列有 m 序列和 GOLD 序列，在近些年的随机序列研究中，相比于 GOLD 序列，m 序列更为通用[21]。线性反馈移位寄存器法（Linear Feedback Shift Register，LFSR)生成的就是 m 序列，是最长线性反馈移位寄存器序列的简称。m 序列由包含线性反馈的 FPGA 内部移位寄存器产生，并且具有较长的周期。生成的 m 序列均为平衡序列，自相关性较理想，其随机特性可以通过统计实验验证，在 FPGA 上比较容易实现，统计特性也能够满足要求。其递推公式如下：

$$a_k = c_1 a_{k-1} \oplus c_2 a_{k-2} \oplus c_3 a_{k-3} \oplus \cdots \oplus c_n a_{k-n} \tag{7.16}$$

式中，$a_{k-1}(1=1, 2, \cdots, n)$表示各移位寄存器的状态；$c_i(1=1, 2, \cdots, n)$为各移位寄存器的反馈系数，$c_i=1$ 表示该移位寄存器参与反馈，$c_i=0$ 表示该移位寄存器无反馈信号输出。

其特征多项式为

$$f(x) = c_0 + c_1 x + c_2 x^2 + \cdots + c_n x^n \tag{7.17}$$

其自相关函数可表示为

$$\rho(\tau) = \rho(jT_n) = \begin{cases} 1 & j=0 \\ \dfrac{-1}{m} & j \neq 0 \end{cases} \tag{7.18}$$

从式(7.18)中看出，m 序列在时域全频段自相关函数的周期为 $m=2^n-1$，序列的自相关函数与其功率谱密度成为一对傅里叶变换，因此对序列的自相关函数做傅里叶变换，可得其功率谱密度为

$$P_s(\omega) = \frac{m+1}{m^2} \cdot \text{sinc}^2\left(\frac{\omega T_0}{2}\right) \cdot \sum_{\substack{n=-\infty \\ n \neq 0}}^{+\infty} \delta\left(\omega - \frac{2\pi n}{m T_0}\right) + \frac{1}{m^2}\delta(\omega) \tag{7.19}$$

在同级次的寄存器序列中，LSFR 是其中随机周期最长的，其周期可表示为 2^n-1。式(7.19)中 n 表示移位寄存器共有 n 个，其寄存器连接方式共分为两种，分别为内部反馈和外部反馈，如图 7.11 所示。

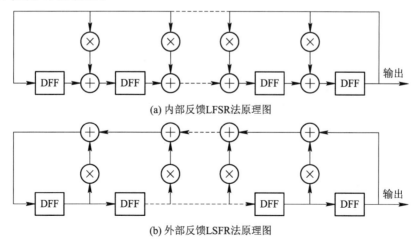

(a) 内部反馈LFSR法原理图

(b) 外部反馈LSFR法原理图

图 7.11 内、外反馈 LFSR 法原理图

其中⊗表示乘法运算，⊕表示加法运算。内部反馈和外部反馈的区别在于输出的反馈信号在进行回流时所用的逻辑单元发生了交换，对结果没有影响，只是生成的随机数不同，利用 FPGA 的仿真工具 modelsim 进行仿真，如图 7.12 所示。

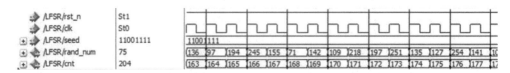

图 7.12　modelsim 仿真波形图

通过在 modelsim 中利用 Verilog 编写 testbench 脚本代码，将产生的伪随机序列（即图 7.12 中的 rand_num 参数）导出为 txt 文件，再导入 MATLAB 对导出数据进行均匀性、分布参数、独立性的验证，可以发现生成的随机数基本符合均匀随机的统计特性。从统计学原理判断，m 序列可近似为均匀分布的随机数。

7.3.3　改进型求余移位法

由上述内容可知，用线性乘同余法实现的伪随机的特点是各个随机数之间的相关性较小，需要不断进行求余运算，较短的单周期内随机性较好，在计算机上易于实现。但是，此算法涉及求余等数学运算，如果想直接在 FPGA 上实现长周期的循环比较困难，需要消耗 FPGA 内大量的逻辑资源，涉及时序问题和逻辑资源占用问题。

线性反馈移位寄存器法实现的伪随机利用了 FPGA 中的寄存器移位运算，其特点是很容易在硬件进行实现，原理复杂度不高，FPGA 内部结构设计简单，但是所产生的伪随机序列在周期内就具有较大的相关性[22]。

此外，所需噪声要分布于整个图像且没有循环，图像的像素点多达几十万甚至更多，需要很长的随机周期，但在 FPGA 中，有几个问题难以克服：首先，由于图像灰度值分布于 0～255 之间，一般数据位宽只有 8 比特，故噪声的分布范围也需要在 8 比特位宽中，由于此位宽条件限制，很容易会因像素值和噪声相加出现超过 255 而溢出的现象，使原本高亮的位置变为最暗；其次，由于数值位宽限制，直接导致无法保证随机序列其周期高于图像的像素总数，因此噪声会重复出现，在图像上表现为竖条纹，结果如图 7.13 所示。

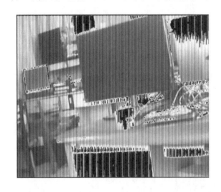

图 7.13　错误噪声叠加图

基于以上两种随机数生成法各自的特点，下面提出一种改进型伪随机序列的生成方法：在求余运算之余，基于线性反馈移位寄存器法生成的随机值，利用移位运算和加减运算改变求余运算的种子数数值和被求余数的数值，相当于重新改变求余运算的除数和被除数，降低序列每个周期内的相关性。与一般的线性同余发生器相比，这种方法解决了周期需要较长和随机数数值不可过大的矛盾，显著降低了计算量，非常便于 FPGA 实现。

设线性同余法的初始值为 x_{seed}，不断地改变初始值，就可以在不需要设置较大初值的同时，使随机序列的周期显著加长，从而得到周期长度足够、数值不会过大、相关性很低的伪随机数。其中，改变 x_{seed} 的具体实现步骤如下：

(1) 利用两组不同的线性缓存移位寄存器，输出随机数，作为初始种子 C_{seed} 和增量 C_0，同时令 $C_{i+1}=C_i+1$；

(2) 利用初始公式 $Z=aC_{seed}+C_i$，计算 Z 的值；

(3) 利用移位寄存器将 Z 进行移位处理，先右移几位得到 Z_1（这个移位的位数由同余法产生，以达到和线性同余法互相作用、增强随机性的目的），之后再左移几位，位数与右移同理，得到 Z_2；

(4) 利用公式 $Y=Z_1+Z-Z_2$，计算 Y 的值；

(5) 利用移位寄存器将 Y 进行移位处理，先右移几位（这个移位位数由同余法产生，以达到和线性同余法互相作用、增强随机性的目的）得 Y_1，之后再左移几位，位数与右移同理，得到 Y_2；

(6) 利用公式 $x_{seed}=Y_1+Y-Y_2$，计算 x_{seed} 的值；

(7) 最后利用公式 $Z=ax_{seed}+C_{i+1}$，计算 Z 的值，再从步骤(1)开始下一次地计算。

7.4 均匀分布与其他分布的转换

如果想进行随机数的硬件实现，而直接生成高斯分布、泊松分布、对数正态分布、威布尔分布等复杂随机序列比较困难时，一般也都采用先生成均匀随机数再进行数学转换的方式，所以说均匀随机数的产生是研究各种其他分布随机数的基础。基于均匀随机数，通过函数或矩阵的计算和转换，就能得到其他分布。噪声仿真系统所需噪声的生成思路如图 7.14 所示。

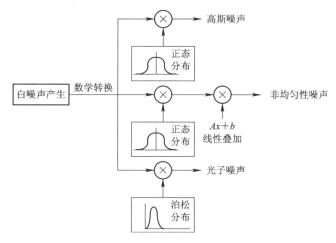

图 7.14　白噪声向各类噪声的转换模型

7.4.1 均匀分布到高斯分布

根据现有研究，如果要在 FPGA 上实现高斯分布，几乎都基于均匀分布序列进行再计算，由上述概率统计学公式，可以求反函数来计算，其映射关系如下：

$$x = \int_{-\infty}^{y} f(z)\mathrm{d}z = \int_{-\infty}^{y} \frac{1}{\sqrt{2\pi}} \exp\left(-\frac{z^2}{2}\right)\mathrm{d}z \tag{7.20}$$

但其中涉及积分计算，实现难度很大。目前通用的方法都基于近似计算，采用一些近似的变换法，如中心极限定理算法和 Box—Muller 算法等，下面进行详细说明。

1. 中心极限定理算法(CLT)

热噪声符合高斯随机分布，由 7.3 节得到的均匀随机序列，可根据中心极限定理得到近似的高斯分布随机数。设随机变量相互独立，服从同一分布(本节服从均匀分布)，具有相同的均值和方差，通常将多个在 $[0,1]$ 上均匀分布的独立的随机变量叠加后其概率密度分布可近似为高斯分布[23]。如下式所示：

$$Y_n = \frac{\sum_{k=1}^{n} X_k - E\left(\sum_{k=1}^{n} X_k\right)}{\sqrt{D\left(\sum_{k=1}^{n} X_k\right)}} = \frac{\sum_{k=1}^{n} X_k - n\mu}{\sqrt{n}\,\sigma} \tag{7.21}$$

这就是中心极限定理的原理。设 $Y_1, Y_2, \cdots, Y_n$ 为独立同分布的无限序列的随机数，假设它们的方差和均值都是有限的，那么就有

$$\lim_{n\to\infty} P\left[a < \frac{Y_1 + Y_2 + \cdots + Y_n - n\mu}{\sigma\sqrt{n}} < b\right] = \frac{1}{\sqrt{2\pi}} \int_a^b \mathrm{e}^{-\frac{1}{2}y^2}\mathrm{d}y \tag{7.22}$$

式(7.22)表明，当大量的独立同分布的随机数累加的时候，它们的和的分布就近似于高斯分布。通过变换，式(7.22)又可以写成：

$$\lim_{n\to\infty} P\left[a < \frac{\bar{Y}}{\sigma\sqrt{n}} < b\right] = \lim_{n\to\infty} P\left[a < \frac{\bar{Y} - \mu}{\sigma_m} < b\right] \frac{1}{\sqrt{2\pi}} \int_a^b \mathrm{e}^{-\frac{1}{2}y^2}\mathrm{d}y \tag{7.23}$$

由上面的证明可知，均匀分布到高斯分布的转换可利用概率论中的中心极限定理，将若干个均匀分布的随机数累加，得到一个高斯随机数，例如已知 $[0,1]$ 均匀分布的随机数的均值为 $\mu = 1/2$，方差为 $\sigma^2 = 1/12$，那么将每 12 个独立同分布均匀随机数相加的和，应用中心极限定理后得到的结果恰好就是均值为 $\mu = 6$、方差为 $\sigma^2 = 1$ 的高斯分布。

由于本系统为了得到特定均值 μ 和方差 σ^2 的高斯随机序列，需要进行转换，相当于已知 $X \sim N(\mu, \sigma^2)$，求 $Y = aX + b$ 的概率密度函数。因为 $Y = g(x) = ax + b(a \neq 0)$ 是关于 x 的严格单调函数，其反函数为

$$x = g^{-1}(y) = \frac{y-b}{a}, \quad \frac{\mathrm{d}}{\mathrm{d}y}g^{-1}(y) = \frac{1}{a} \tag{7.24}$$

所以，Y 的概率密度函数为

$$f_Y(y) = f_X(g^{-1}(y)\left|\frac{\mathrm{d}}{\mathrm{d}y}g^{-1}(y)\right| = f_Y\left(\frac{y-b}{a}\right)\left|\frac{1}{a}\right| \tag{7.25}$$

即

$$f_Y(y) = \frac{1}{\sqrt{2\pi}\sigma}\exp\left(-\frac{(\frac{y-b}{a}-\mu)^2}{2\sigma^2}\right) \cdot \frac{1}{|a|} = \frac{1}{\sqrt{2\pi}|a|\sigma}\exp\left(-\frac{[y-(a\mu+b)]^2}{2(a\sigma^2)}\right)$$

(7.26)

亦即

$$Y = aX + b \sim N(a\mu + b, (a\sigma)^2)$$

(7.27)

2. Box-Muller 算法

Box-Muller 算法是利用均匀随机数来分别计算出高斯随机数的幅度和相位值,从而产生高斯随机数的算法,它可以同时将两个均匀随机数转换成为两个高斯随机数,可以产生精确的高斯分布的随机变量,公式如下所示:

$$\begin{cases} x_1 = \sqrt{-2\ln r_1} \times \cos(2\pi r_1) \\ x_2 = \sqrt{-2\ln r_1} \times \sin(2\pi r_2) \end{cases}$$

(7.28)

式中,r_1 和 r_2 是在区间 $[0,1]$ 上服从均匀分布且相互独立的随机变量,所以得到的随机变量 x_1 和 x_2 也应该是相互独立的,且服从 $N(0,1)$ 的标准正态分布。

7.4.2　均匀分布到泊松分布

1. 反函数近似算法

根据概率统计理论,如果一个随机事件单位时间内发生的次数(图像某像素点产生噪声)服从参数为 λ 的泊松分布,则任意连续发生两次随机事件的间隔时间序列服从参数为 λ 的指数分布,所以泊松噪声的产生,可直接利用上述提到的概率论经典定理求反函数得到。已知指数分布随机变量的概率密度为

$$f(x) = \lambda e^{-\lambda x} \quad x \geqslant 0$$

(7.29)

求积分得到其分布函数为

$$F(x) = 1 - e^{-\lambda x}$$

(7.30)

反函数求得如下:

$$x = -\frac{1}{\lambda}\ln(1 - F(y)) \quad 0 \leqslant F(y) < 1$$

(7.31)

当 $F(y)$ 是在区间 $[0,1]$ 上均匀分布的随机数时,根据上述反函数公式(7.31)计算出的随机数序列 X_n 就是服从泊松分布的随机数,其均值为 $1/\lambda$,方差为 $1/\lambda^2$。

由于其中包含了对数求解,而在 FPGA 中是不可能实现对数计算的,因此这是一个精确度与实现难度以及资源占用之间的选择问题[24]。与高斯噪声同理,本节所述系统不需要有非常高的精确度,不需要令其数值完全符合泊松随机分布函数,只需要近似计算。

2. 伯努利试验生成法

根据概率论的基本原理,一个随机试验的结果只有两种可能并且每次试验的结果互不影响,这样的随机实验反复进行就称为伯努利试验[25]。若设两种结果分别为 A 和 B,每次出现 A 的概率为 p,出现 A 结果的概率可用如下公式计算:

$$P(k) = C_n^k p^k (1-p)^{n-k}$$

(7.32)

式中,n 表示进行试验的次数。当进行高数量级的试验($n > 100$)且 p 保证极小($p \leqslant 0.01$),

即这两个条件都满足时，其概率分布非常接近泊松分布的波动曲线，此时 $\lambda = np$。因此，FPGA 中可用此方法进行泊松噪声仿真。此过程不需要对数计算，以一种近似计算的方式降低了复杂度。

7.5 系统自身附加噪声的干扰分析

由于本系统为对融合系统进行客观评价的测试单元，因此必须考虑其严密性，对干扰的来源要考虑全面。任何一个测试系统自身都会不可避免地引入一定的噪声，从而不同程度地影响测试结果，这种噪声是任何客观测试系统所不可避免的。

由于本测试评价系统自身仅仅包含电路板和一些相关接口等电气设备，并不存在光学成像装置和像增强器、读出电路等噪声干扰极大的模块，因此其主要噪声来源于电磁干扰和电子器件自带的噪声。

在一般测试系统的理论分析中，尤其是在分析、计算系统自身的噪声性能时，经常假定系统自身引入的噪声为高斯型白噪声，有如下两个原因：一是高斯型白噪声确实反映了实际系统中常见的加性噪声情况，比较真实地代表了系统自身附加噪声的特性；二是高斯型白噪声可用具体的数学表达式表述，若明确了均值和方差，设均值为 μ，方差为 σ^2，则其概率密度函数就可以用如下公式表达：

$$p(x) = \frac{1}{\sqrt{2\pi}} \exp\left[-\frac{(x-\mu)^2}{2\sigma^2}\right] \tag{7.33}$$

这些公式为基本的数学公式，以此为模型，可以给后续的推导分析和运算降低难度。因为第 8、9 章中对图像噪声的仿真也包含了高斯白噪声，而且从融合成像系统中来的图像高斯噪声平均功率数量级远远超过系统自带噪声，所以可以暂时把系统自身噪声视为极小干扰，忽略不计。但是，随着技术的发展，对测试准确度的要求越来越高，系统自身噪声对测试结果的影响必然会得到关注并发展出较好的解决方法。

本章参考文献

[1] 蒋宏，任章.红外与可见光图像配准和融合中的关键技术[J].红外与激光工程，2006，S4：7-12.

[2] 许凡.红外与可见光图像融合技术的研究[D].西安：中国科学院研究生院（西安光学精密机械研究所），2014.

[3] 杨晋伟.多光谱融合前端图像实时降噪处理系统的研究[D].南京：南京理工大学，2009.

[4] 张敬贤，李玉丹，金伟其.微光与红外成像技术[M].北京：北京理工大学出版社，1995.

[5] 李卫华.数字图像预处理与融合方法研究[D].西安：西北工业大学，2006.

[6] 王思博.三通道微光夜视仪光学系统设计[D].长春：长春理工大学，2014.

[7] 杨晋伟.多光谱融合前端图像实时降噪处理系统的研究[D].南京：南京理工大学，2009.

[8] 周蓓蓓.电子倍增 CCD 的工作模式及其光子计数成像研究[D].南京：南京理工大学，2011.

[9] 聂瑞杰，李丽娟，王朝林，等.一种凝视红外成像系统联合非均匀校正算法[J].红外与激光工程，

2015，44(08)：2339-2346.

[10] 何国经.红外成像系统性能评估方法研究[D].西安：西安电子科技大学，2008.

[11] 傅江涛.红外热像仪 CRT/LCD 显示器驱动电路的研究[D].南京：南京理工大学，2004.

[12] 刘宁，陈钱，顾国华，等.640×512 红外焦平面探测器前端噪声分析及抑制技术[J].红外技术，2010，32(10)：572-575.

[13] XU G，ZHANG L，LIU J，et al. Estimation of thermal noise for spindle optical reference cavities [J]. Optics Communications，2016，360：61-67.

[14] BARAN O，KASAL M. Modeling of the simultaneous influence of the thermal noise and the phase noise in space communication systems[J]. Radioengineering，2010，194：580-581.

[15] CHO H M，CHOI Y N，LEE S W，et al. Optimization of a photon rejecter to separate electronic noise in a photon-counting detector[J]. Journal of the Korean Physical Society，2012，61(11)：1840-1845.

[16] 于冬.非致冷红外焦平面读出电路噪声分析[D].成都：电子科技大学，2004.

[17] NARAYANAN B，HARDIE R C，MUSE R A. Scene-based nonuniformity correction technique that exploits knowledge of the focal-plane array readout architecture[J]. Applied Optics，2005，44(17)：3482-3491.

[18] 黎族华，黄国胜，易峥嵘，等.一种改进的正交 Gold 序列设计和性能分析[J].微计算机应用，2009，30(10)：13-17.

[19] BIN W. Effects of non-Gaussian noise on a calcium oscillation system[J]. Chinese Physics B，2013，01：110-113.

[20] Enhancement of spike coherence by the departure from Gaussian noise in a Hodgkin-Huxley neuron [J]. Science in China(Series B：Chemistry)，2009，52(08)：1186-1191.

[21] DONG-U LEE，WAYNE LUK，JOHN D，et al. A Gaussian noise generator for hardware-based simulations.[J]. IEEE Transactions Computers，2004，53(12)：1523-1534.

[22] KUMAR P，NARAYANAN S，GUPTA S. Stochastic bifurcation analysis of a duffing oscillator with coulomb friction excited by Poisson white noise[J]. Procedia Engineering，2016，144：998-1006.

[23] KSENDAL B，PROSKE F. White noise of poisson random measures[J]. Potential Analysis，2004，21：375-403.

[24] HOU-BIAO LI，JUN-YAN WANG，HONG-XIA DOU. Second-order TGV model for Poisson noise image restoration[J]. SpringerPlus，2016，5(1)：166-167.

[25] 吴禹.泊松白噪声激励下几类非线性系统的响应与可靠性[D].杭州：浙江大学，2008.

第8章 多传感器融合板噪声特性评价系统

8.1 系统概述

融合板噪声性能评价系统有着广泛的应用场景，能够快速地给出评估结果，结果具有很强的一致性、适用性和稳定性。本章给出可移植的噪声性能测试硬件系统搭建过程，用于融合系统的噪声评估，为选择融合效果最佳和性能最优融合成像系统提供依据[1]。

融合板噪声特性评价系统主要由视频噪声信号发生器、图像融合电路板和测试工控机（包括高清视频采集模块、上位机控制模块、显示模块）等组成。其中融合电路板（包含板上载入的图像融合及图像预处理算法）是待测模块，不属于本章的研究范围，高清视频采集模块和显示模块属于市场通用设备，不再详述，本章重点介绍以 FPGA 为主控芯片的视频噪声信号发生器和上位机控制模块。系统模拟框图如图 8.1 所示。

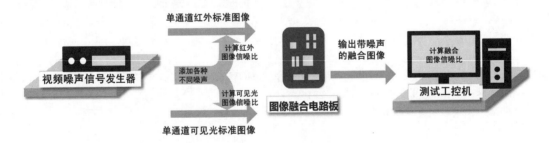

图 8.1 噪声测试系统结构图

图像融合电路板噪声性能测试需要通过在融合前源图像中添加各种噪声，通过指标计算来探究待测融合电路板处理后图像的噪声变化情况，测试的流程如图 8.2 所示。

各个模块的连接方式如下：

（1）标准图像读取模块与图像噪声叠加模块相连，利用一种视频信号发生器产生用于测试的红外和微光标准图像。

（2）噪声生成模块与图像噪声叠加模块相连，利用一种噪声信号发生器生成伪随机噪声，模拟红外与可见光图像噪声。

（3）图像噪声叠加模块分别与标准图像生成模块、噪声生成模块、高精度视频采集卡模块、融合电路板模块相连，接收标准图像和噪声，叠加后输入到融合电路板模块和高精度视频采集卡模块。

（4）融合电路板模块与高精度视频采集卡模块和上位机管理模块相连，该模块包含一块载有图像处理及融合算法的电路板，接收两路含噪声的红外和微光标准图像，生成融合图像，输入到高精度视频采集卡模块和上位机管理模块。

（5）高精度视频采集卡模块与图像噪声叠加模块、融合电路板模块、上位机管理模块相连，用于采集融合前叠加噪声的两路标准图像，以及融合后图像，融合图像可以通过 PAL 制式或 Camera-link 制式输入到高精度视频采集卡。采集卡将采集到的图像输入给上位机管理模块。

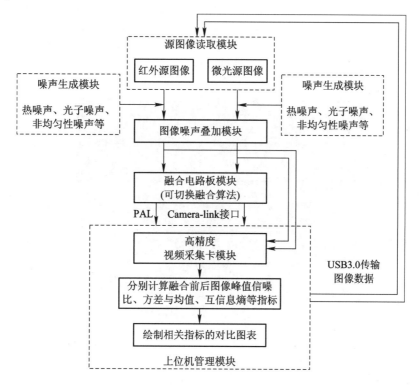

图 8.2　融合电路板噪声特性测试方法流程图

具体的测试方法可分为以下几个步骤：

（1）在上位机中选择所需要的源图像，作为噪声信号发生器的图像或视频信号来源，通过 USB3.0 输入（用于图像融合质量测试的基准视频信号采用在国际上得到广泛认可的 UNcamp 图像数据集、Dune 图像数据集等，以及得到工厂认可的红外与微光融合图像等）。

（2）由噪声信号发生器将收到的图像根据不同情况，叠加不同种类、不同程度的噪声，并作为待融合的源图像输出给融合电路板，同时使用高清视频采集板卡采集。

（3）将叠加噪声后的图像经由融合电路板输出融合后的结果，并输入给显示屏以供人眼观察，同时使用高清视频采集板卡采集。

（4）将高清视频采集板卡采集到的图像数据输入上位机，由上位机端借助评估指标计算软件对融合前后图像或视频的各项指标进行计算和制表汇总，并最终得出实验分析结果，从而实现对融合电路板及其融合算法在噪声干扰下的性能评价。

8.2 系统硬件结构

本系统硬件主要由电源盒、噪声信号发生器电路板、PAL 制及 Camera-link 制高清视频采集卡、工作站、显示屏、各种连接线等组成。

其中，噪声信号发生器的核心板是一块以 FPGA 芯片为主控芯片，包含 AD/DA 编解码芯片、USB3.0 配置芯片及接口、串口、Camera-link 接口配置芯片、SRAM 存储器、双格式视频输出接口、配合模块等的自主设计电路处理板，如图 8.3 所示。

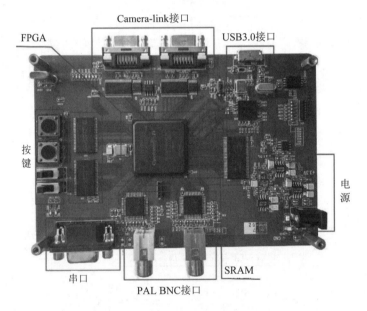

图 8.3　噪声信号发生器 FPGA 处理板

视频采集卡由于视频格式不同，安装在主机上共同工作。PAL 制采集卡为嘉恒中自通用采集卡。Camera-link 采集卡型号为 Xcelera-CL PX4 Full OR-X4C0-XPF00，该系列采集卡的特点是：基于 PCI Express x4 接口，与主机接口是点对点的，允许同时进行图像采集和传输，无须加载系统总线且很少占用主机 CPU，兼容 Base、Medium 或 Full 模式，包含 Teledyne DALSA Sapera 视觉软件包支持，如图 8.4 所示。测试系统封装前实物如图 8.5 所示。

由图 8.5 可知，整个系统连接完整、功能明确。上位机模块选用惠普工作站，磁盘资源丰富，处理速度较快[2]，内部装入相关软件。电路板为 5V 直流供电，所以可以直接采用常规电压输入，经过电源变压模块给电路板供电同时监控电流变化。

最终各个模块组装后经过封装，构成一个完整的图像融合电路板噪声性能客观测试系统，实物图如 8.6 所示。

图 8.4　采集卡实物图

图 8.5　测试系统封装前实物图

图 8.6　测试系统封装后实物图

8.3 系统软件结构

8.3.1　FPGA 程序设计方案

本系统软件包含两部分的内容：FPGA 中的代码设计和 MATLAB 计算软件的代码设计。首先针对主控芯片 FPGA 中的代码设计进行说明，整个设计思路为自顶向下、逐层按功能划分模块，兼顾原理图、VHDL、Verilog 三种硬件描述方式，具体设计框图如图 8.7所示。

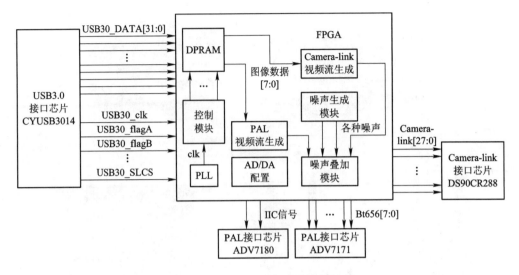

图 8.7 FPGA 程序设计结构图

由图 8.7 可知，整个 FPGA 程序设计共包含以下几个模块：AD/DA 芯片配置模块、USB3.0 数据通信模块、PAL 及 Camera-link 数字视频流格式生成模块、锁相环及 DPRAM 等调用的 FPGA 内部 IP 核、噪声生成模块、噪声叠加模块、缓存读写控制模块等。下面对各个模块进行简要说明。

（1）USB3.0 数据通信模块：USB 通信数据数量较多，主要包括 USB 配置芯片的控制信号以及 32bit 位宽的数据。模块中代码设计的主要思路就是以 USB3.0 的传输速度设置时钟，按照手册上的读写时序图生成符合情况的控制信号逻辑值，将上位机传输过来的数据实时存入 FPGA 内部的缓存，在本系统中主要应用的是读功能，接收来自上位机的信息。

（2）PAL 及 Camera-link 数字视频流格式生成模块：该模块主要根据 PAL 制和 Camera-link 制式的数字视频流格式，以像素时钟为驱动时钟，生成需要输入给 ADV7171 芯片的严格头尾序列，以便于芯片识别视频格式；有效像素位置按时序填充从缓存中读取出的来自上位机的图像信息。

（3）锁相环（PLL）及 DPRAM 等单元是 FPGA 内部调用 IP 核，直接从 FPGA 开发软件 Quartus 的 Mega Wizard Plug-In Manager 库调用 FPGA 内部 IP 核，锁相环用于改变时钟频率，以适用于本系统的 USB3.0 快速数据处理，DPRAM 内部占用资源可以通过设置来调整内存大小，由于本系统涉及双通道的视频输出，故需要调用两块 DPRAM。

（4）噪声生成模块为本系统核心模块，内部包含触发器、乘除加法器、逻辑门单元等，通过对红外及微光的噪声进行抽象建模，可得到仿真的随机序列组合公式，根据需要可实现均匀随机噪声、高斯随机噪声和泊松噪声等。目前很多论文研究的噪声信号发生器大多都基于通信应用领域，主要为通信信道的噪声测试提供测试标准信号，本系统结合图像处理的特点提出了一些改进方法，并在 FPGA 中进行了实现。

（5）噪声叠加模块：通过加权方式向标准图像叠加一种或多种噪声，共有五种叠加模式。

（6）DPRAM：由于本系统涉及双视频输出，故需要控制两片缓存，根据 DPRAM 的控制时序图设计程序，使两片缓存共同工作，分别存储上位机传输过来的图像作为中转，之后再从缓存中读出图像数据，传输给视频格式生成模块，进行输出。

其中，噪声生成模块中涉及很多不同分布的伪随机序列的 FPGA 生成，包括均匀分布、高斯分布、泊松分布等。这些随机序列的生成原理和提出的改进方法、相关的辅助模块如何驱动和配置，以及双视频格式的输出规则和程序设计等，后续将进行详细阐述。

8.3.2 评价软件设计方案

除硬件系统以外，在本系统中需要采用多个客观评价指标来进行测试，如峰值信噪比、互信息熵、均值、方差等。由于峰值信噪比是目前最广泛使用的图像质量客观评价标准，因此下面以峰值信噪比（PSNR）为例进行讲解，其定义如下式：

$$\text{PSNR} = 10\log \frac{(2^n - 1)^2}{\text{MSE}} \tag{8.1}$$

式中，MSE 为噪声图像与理想图像之间的均方误差，定义为

$$\text{MSE} = \frac{1}{MN} \sum_{i=0}^{M-1} \sum_{j=0}^{N-1} (I(i,j) - K(i,j))^2 \tag{8.2}$$

式中，$I(i,j)$ 为理想图像像素值，$K(i,j)$ 为噪声图像像素值。除此以外，其他指标都是评价融合成像结果的常规指标，不再赘述。

MATLAB 作为一种很便捷的数学应用软件，应用广泛，功能强大，有丰富的函数数据库，在数学分析、数字图像处理、计算机图形学等领域都有相应的用武之地。MATLAB 的数学计算和分析能力极强，图像处理功能强大，在数据处理和数字图像处理等领域使用尤为广泛。软件设计选择 MATLAB 中的 GUI 设计工具，自顶向下进行模块划分，包括噪声图像显示区、融合结果显示区、参数及模式显示区、指标选择区和计算结果显示区，可在界面中显示融合前未加噪声的微光与红外源图像、加噪声后的融合结果、评价指标计算等结果。

8.4 测试系统 FPGA 设计

本系统采用的 FPGA 型号为 Altera 公司的 Cyclone IV EP4CE115F29C7N 系列芯片，包含 114480 个逻辑单元，3888 Kb 嵌入式存储器位，4 个锁相环，资源丰富，功能强大。

设计流程包括系统功能设计、功能仿真、综合优化、时序仿真（后仿真）和配置下载，FPGA 设计一般遵循自顶向下的程序设计思路。本节主要介绍基于 FPGA 的噪声生成模块的设计方法和实现步骤，包括均匀随机、高斯分布、泊松分布的生成等几个模块。

8.4.1 几种噪声的 FPGA 实现

结合系统的顶层要求，可将 FPGA 芯片设计方案划分为几个模块：时钟模块、AD/DA 芯片配置模块、USB3.0 数据通信模块、PAL 及 Camera-link 数字视频流格式生成及输出模块、缓存控制模块、噪声生成模块、噪声叠加模块、缓存读写控制模块等，本节主要介绍噪声生成模块的设计方法，其顶层设计框图如图 8.8 所示。

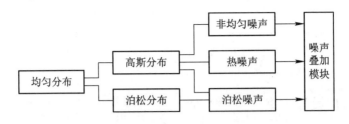

图 8.8　均匀分布到各类分布转换框图

1. 均匀分布

要仿真图像噪声,必须生成各类分布的随机数。要生成其他分布的随机数,均匀随机序列的产生是第一步。通过对比线性乘同余法以及线性反馈移位寄存器法,结合两种方法的特点,我们提出了一种新的伪随机序列生成方法,利用两种随机数生成方法相互改变随机种子数,过程中涉及移位、加减乘、取余数等计算,其 FPGA 实现框图如图 8.9 所示。

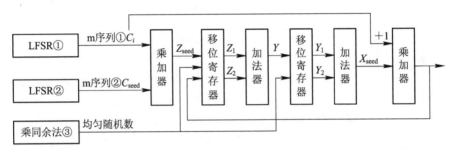

图 8.9　均匀分布 FPGA 设计框图

具体的实现步骤如下:

(1)首先设计两组 LSFR 模块,线性反馈移位寄存器的级数为 8,生成两组 m 序列,数据位宽为 8 比特,编号分别为①和②。

(2)另通过程序设计实现一个乘同余法模块,因为图像的灰度值分布在 0~255,一般图像数据为 8 比特,要进行移位处理,所移位数最多为 $8=2^3$,从而需要通过设置初始值,在周期最大化的前提下输出 3 比特位宽的数据,编号为③。

(3)两个模块的时钟由 PLL 经过变频后输入,为了保证所产生噪声的节拍与图像像素匹配,将其设置为像素时钟中灰度值时钟 13.5 MHz 的 6 倍,即 80 MHz 左右。

(4)将①作为初始种子 C_{seed},②作为增量 C_0,令 $C_{i+1}=C_i+1$;利用初始公式 $Z=aC_{seed}+C_i$,计算 Z 的值。

(5)利用移位寄存器将 Z 进行移位处理,这个移位位数由乘同余法模块产生,达到增强随机性的目的,先右移若干位之后再左移若干位,分别得到 Z_1、Z_2,利用公式 $Y=Z_1+Z-Z_2$,计算 Y 的值。

(6)与第(3)步同理,分别得到 Y_1、Y_2,利用公式 $X_{seed}=Y_1+Y-Y_2$,计算 X_{seed} 的值。

(7)最后利用公式 $Z=aX_{seed}+C_{i+1}$,计算 Z 的值,作为均匀分布的输出,连接到其他模块,Z 为符合 $[0,255]$ 区间上均匀分布的伪随机序列。同时从步骤(1)开始再一次的计算。

由于进行了两种随机生成方法的交叉计算,因此,通过此方法产生的均匀分布与真实情况非常近似,随机性较好。但是,由于图像像素个数达数十万个,所以以均匀分布伪随机序列的周期必须要在像素个数之上。一般伪随机序列的周期都和生成随机数本身的值有关，为了得到较长的周期，伴随而来就有较大的随机数值，所以将随机数值限制在 $0\sim255$ 之间，在图像上就会显示出周期性的无效噪声。

由上可知，周期长度和随机数数值是一对矛盾关系，基于此问题我们提出一种解决方法：通过在整数中放置定点来表示小数计算，在 FPGA 中自行设定定点数参与计算，来替代小数。

定点数的加减乘除法有其自身的一系列位数变化规则。所谓定点小数，就是指小数点的位置是固定的。用整数来表示定点小数时，由于小数点的位置固定，程序只需记住小数点的位置即可。定点数的运算有其特有的计算规则，设 q_1、q_2、q_3 表达的值分别为 x_1、x_2、x_3，则有：

(1) 若 $x_3 = x_1 + x_2$，$q_3 = q_1 + q_2$；

(2) 若 $x_3 = x_1 - x_2$，$q_3 = q_1 - q_2$；

(3) 若 $x_3 = x_1 \times x_2$，$q_3 = q_1 \times q_2 / 2^n$；

(4) 若 $x_3 = x_1 / x_2$，$q_3 = q_1 \times 2^n / q_2$；

乘法或除法时，为了使得结果的小数点位不移动，需要对数值进行移动。因此，程序中将图像数据的像素灰度值扩大 2 的 n 次幂（n 为定点数的小数位数），得到与随机数位数相同的结果，进行乘式除后再缩小同样倍数，恢复数值定点。

2. 泊松分布

直接用反函数法计算映射公式时，由于其中有对数运算，故在 FPGA 上不可行。但是，可采用多重伯努利试验进行近似的泊松序列生成。需要注意的问题有以下两点：

首先，需要建立一个符合伯努利试验条件的二项分布随机事件，可设定阈值，将均匀随机数的数值划分为两个集合，这样一串均匀随机序列的值进入两个集合的概率和为 1。当假设伪随机近似为真时，每个均匀随机的值不具有相关性，可以证明，每次试验结果相互独立。鉴于均匀分布的概率分布特性，阈值的选取决定了事件的发生概率是可控的，即泊松分布的均值和方差是可调的。

其次，需要计算试验进行的频率，以符合图像的像素时钟，确保按照像素时钟的节拍来进行噪声产生。同时生成计数器，以控制试验进行的次数。FPGA 实现框图如图 8.10 所示。

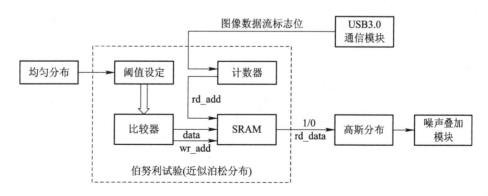

图 8.10　泊松噪声 FPGA 设计框图

具体的实现步骤如下：

(1) 将均匀随机序列的数值间隔取样，降低相关性。

（2）将得到的均匀随机数送入比较器，阈值的设定与所需要泊松分布的均值与方差有关，此处设阈值 $R=M \times p$（其中 M 为产生均匀随机序列中线性乘同余法的模值），通过判断输入数值小于或大于阈值，输出比较器的结果为 1 或 0。

（3）生成读写地址和使能信号，将产生 1 或 0 的比较器输出结果存入 SRAM 中，写地址为进行比较的次数，写入的数据为 1 或 0，根据图像的像素点个数确定进行比较的次数，例如 PAL 制图像需要叠加泊松噪声，像素点个数为 $720 \times 576 = 414720$ 次。

（4）当图像数据来临时，生成计数器，从 1 开始，到 414720 结束，以此计数器的值为地址，读取 SDRAM 中的值，当从寄存器中读出的值为 1 时，将当下高斯噪声生成模块中产生的随机数作为噪声叠加在图像上，当值为 0 时，不叠加噪声。

3. 高斯分布

在精度要求不高时，为避免使用 Box-Muller 算法进行对数和三角函数的计算，可以使用中心极限定理来进行高斯分布的近似实现。根据数学模型，本系统所模拟的噪声，是具有不同均值方差的高斯随机序列。FPGA 实现框图如 8.11 所示

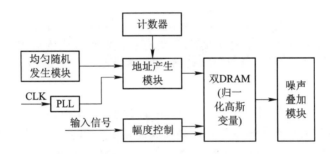

图 8.11 高斯噪声 FPGA 设计框图

具体的实现步骤如下：

（1）将均匀随机序列的数值间隔取样，降低相关性。

（2）用 MATLAB 将均匀分布模块生成的 $[0,255]$ 上的随机序列归一化，生成与 $[0,1]$ 分布相对应的映射关系表。因为 FPGA 中没有浮点数的操作，所以为了避免映射过程中有不可处理的小数，首先将原数据除以 128，利用四舍五入原则，转为 mif 文件，存入 FPGA 的 IP 核单口 ROM 中。

（3）将均匀随机模块得到的随机数作为地址，通过 ROM 中预先存入的不同分布区间均匀随机数映射表 mif 文件，输出在 $[0,1]$ 均匀分布的随机数。

（4）为了便于 FPGA 进行除法运算，每 16 个均匀随机数为一组求和再除 16，除法只要进行移位操作即可。

4. 随机序列向噪声转换模块

FPGA 产生的各种不同分布的随机序列不足以称为图像噪声，需要将其转化为灰度变化的点阵以便于与图像进行直接叠加。

与热噪声和光子噪声不同，非均匀性噪声的仿真基于高斯随机，但与热噪声和光子噪声的生成流程不同，根据第 7 章建立的非均匀性噪声数学模型，图像中每个点阵的像素响应非均匀，每个像素的响应系数和偏移符合不同参数的高斯分布。整幅图像按照读出电路分组进行划分，以分辨率为 720×576 的 PAL 制图像为例：按照本节的建模方式，整幅图像被分为 120 个读出通道组，每 6 个通道的列响应系数和偏移系数为不同参数的高斯分布。

具体取值如表 7.1 所示。因此需要从高斯分布模块输出 4 组并列的、满足均值方差要求的随机数，作为单个像素的响应和偏移系数以及读出通道的响应和偏移系数。

热噪声和光量子噪声较为简单，利用生成的高斯随机序列和泊松随机序列，直接在图像上产生灰度值服从某种统计规律的灰点矩阵，将灰点矩阵与源图像相加，构成一幅含噪声的标准测试图案。即在 FPGA 内部由数学计算产生一系列不同分布的随机序列，按行列顺序赋给图像上的相应像素，以呈现显示屏布满噪声的效果，达到对探测器噪声图像仿真的目的，其中 PAL 制 BT.656 行数据流格式如图 8.12 所示，Camera-link 格式行数据流格式如图 8.13 所示。

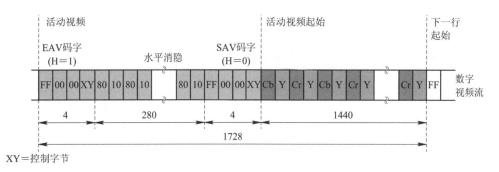

图 8.12　BT.656 行数据结构

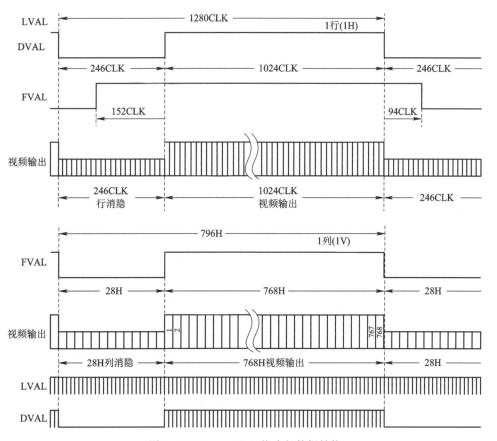

图 8.13　Camera-link 格式行数据结构

根据图 8.13 可找到图像的头、尾以及有效信号标志位，利用计数器对头、尾计数，当计数器计到有效像素位置时，将随机数按图像数据流的节拍填充进去。

8.4.2　噪声叠加模块

　　噪声的种类可根据实际情况选取。设标准图像为 A，噪声为 B_n，叠加后的图像为 C，则 $C = A + xB_1 + yB_2 + zB_3 + \cdots$，其中，$x$、$y$、$z$ 为系数（可为零），B_1、B_2、B_3 等表示不同种类的噪声。根据上述噪声测试系统的原理，叠加噪声的模式可分为五种：

　　（1）微光图像叠加噪声，红外图像不叠加噪声，测试比较融合电路输出图像和微光图像某一确定图像评价参数的变化。

　　（2）红外图像叠加噪声，微光图像不叠加噪声，测试比较融合电路输出图像和红外图像某一确定图像评价参数的变化。

　　（3）微光图像和红外图像均叠加同种随机噪声，且叠加的噪声干扰程度相同，分别测试比较融合电路输出图像、红外图像、微光图像三者某一确定图像评价参数的变化。

　　（4）微光图像和红外图像均叠加同种随机噪声，叠加的噪声干扰程度不同且区别较大，分别测试比较融合电路输出图像、红外图像、微光图像三者某一确定图像评价参数的变化。

　　（5）微光图像和红外图像均叠加混合噪声，所叠加的噪声种类根据红外或微光成像过程中主要噪声成分决定，分别测试比较融合电路输出图像、红外图像、微光图像三者某一确定图像评价参数的变化。

8.4.3　USB3.0 高速通信模块

　　为了实现与上位机的通信，在电路板和 PC 端互相传递图像数据，需要选择一种合适的通信方式。

　　现有的通信方式中，如果采用串口方式，则开发简单，成本低。但是，串口不支持热插拔，数据传输慢。通过一系列串口通信实验发现，当通过 PC 端经由串口连续不断地传输图像数据时，在显示屏上恢复出的图像会出现很多错位或错点。所谓错点，是指有明显不符合原图的或过明或过暗的像素；所谓错位，是指图像发生了锯齿状偏移，而且错误随着数据量的加大还在不断增多，直至完全无法成像。通过 Quartus II 自带的 Signaltap 采样工具，可以采集到串口接收的数据，发现所传输的图像数据中会随机出现一些错误数据，而且在传输数据后期错误越来越多，如图 8.14 所示。

　　其数据出错的原因在于：PC 端和 FPGA 端使用了不同的时钟信号源。当上位机无中断地大量传输数据时，由于上位机与 FPGA 电路板晶振的时钟不能保证每个周期的 tap 精确一致，且不能同步，最终会使串口时钟错位，导致数据错位，这种情况在大量数据传递时出错率较高。因此，此种通信方式虽然简单，传输一些字节数少的控制指令非常方便，但对图像数据传输来说不可行。而 USB3.0 接口具有热插拔、传输速度快以及便携等特点[3]，所以系统最终选用 USB3.0 进行通信。

　　本系统使用的 USB3.0 接口芯片为赛普拉斯公司生产的 CYUSB3014-FX3 芯片。其中内嵌一个 ARM926EJ 核，用于配置 FX3 的工作状态。它拥有 59 个可编程 I/O，称为 GPIO。本系统利用 A1、A0 两个选择信号使芯片处于 32 位传输的从机 FIFO 模式。

图 8.14　串口数据传输错误图像

该芯片有一个并行通用可编程接口 GPIF II，可进行完全配置，可与 ASIC 或 FPGA 连接共同工作。GPIF II 是通用可编程接口，是赛普拉斯公司 FX2LP 系列 GPIF 的增强版[4]，可连接至多种常用接口，例如 SRAM、ATA 等。本系统 FX3 接口的使用步骤如下：

（1）用 USB3.0 连接线，连接 PC 端与核心处理板，板上灯亮表示上电成功。

（2）在 PC 端进行软件配置、固件刷新并加载 ARM 的配置程序，通过 USB3.0 接口线下载到其内部 RAM 之中，使其处在从机 FIFO 工作模式下，刷新界面如图 8.15 所示。

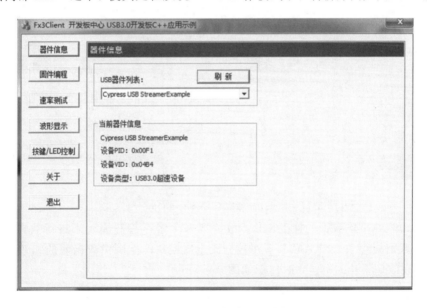

图 8.15　USB3.0 固件编程及刷新界面

然后对其进行数据的读写操作。读数据时序图如图 8.16 所示。

FPGA 程序主要根据写数据的时序图进行程序设计，时钟采用晶振提供的 50 MHz 频率。USB_FLAGA 和 USB_FLAGB 为启动信号；A0 和 A1 为工作模式选择地址位，令其为 11 表示在从机 FIFO 模式下工作；CS、OE、RD、WR 为控制信号，表示其读写状态；DQ 为数据位，共 32 比特。FPGA 利用嵌入式逻辑分析仪 Signaltap 工具得到采集的信号如图 8.17 所示。

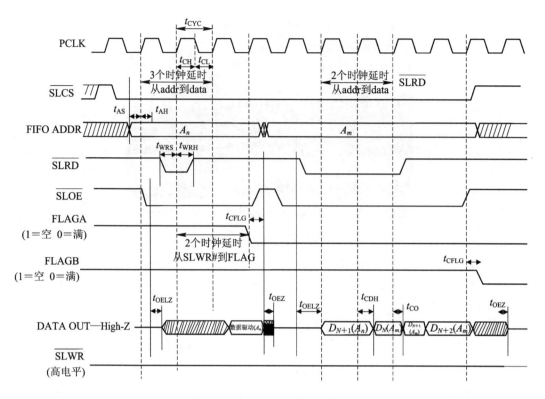

图 8.16　USB3.0 读数据时序图

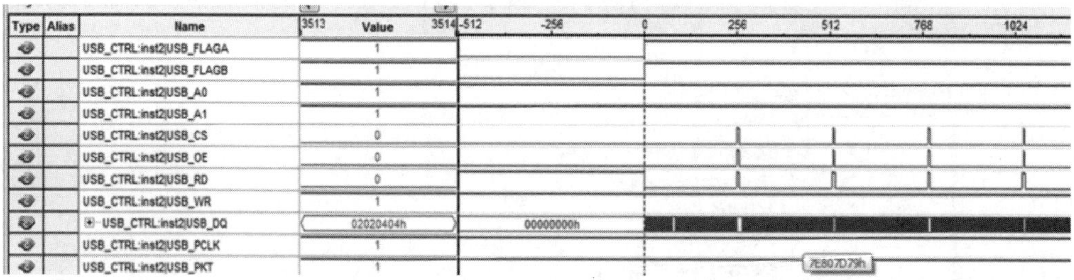

图 8.17　USB3.0 数据传输 Signaltap 信号采集图

由于 USB3.0 传输数据的速度较快，故需要一个缓存控制模块来进行数据的缓冲，将传输过来的数据缓存入 DPRAM 中，在数据流生成模块产生图像数据流的无效像素位时读取数据，在有效像素位时写入，时序图如图 8.18 所示。

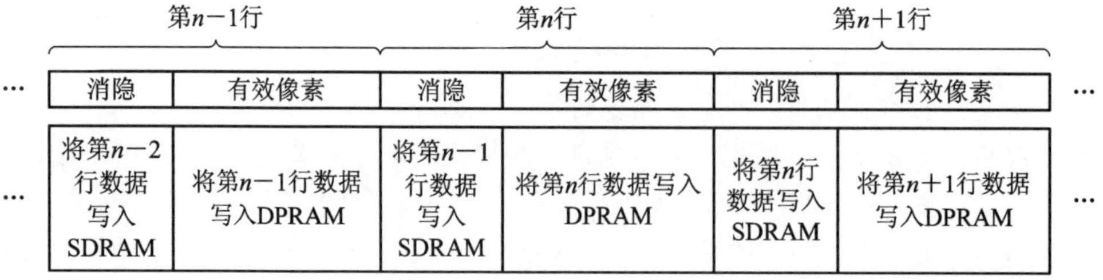

	第n−1行		第n行		第n+1行	
…	消隐	有效像素	消隐	有效像素	消隐	有效像素	…
…	将第n−2行数据写入SDRAM	将第n−1行数据写入DPRAM	将第n−1行数据写入SDRAM	将第n行数据写入DPRAM	将第n行数据写入SDRAM	将第n+1行数据写入DPRAM	…

图 8.18　数据存读时序图

8.4.4 视频输出模块

系统设计两种视频输出格式,以适应不同的应用场景,提高整个测试系统的功能丰富性。PAL 制和 Camera-link 格式是目前通用且常见的视频输出格式,可以满足不同的需求且可以输出不同分辨率的图像。

1. PAL 输出

PAL 制视频分辨率为 720×576,帧频为 25 Hz。我们针对数字视频流进行处理,再输送给编码芯片 ADV7171 进行数模转换,常用的数字视频流格式为 BT.656。

PAL 制的 8 比特位数字图像数据流的时钟信号为 27 MHz,帧频为 25 Hz,行频为 625 Hz,与模拟图像数据流一致。每行包含 1728 个时钟。由 Y、C_b、C_r 三种信号以 $4 : 2 : 2$ 的比例按顺序构成,Y 表示亮度信号,C_b、C_r 表示色度信号(若是黑白图像,则 C_b、C_r 均为 128)。具体格式图如图 8.19 所示。

行数	F	V	H (EAV)	H (SAV)
1~22	0	1	1	0
23~310	0	0	1	0
311~312	0	1	1	0
313~335	1	1	1	0
336~623	1	0	1	0
624~625	1	1	1	0

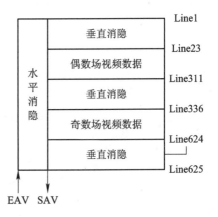

图 8.19 BT.656 具体格式图

PAL 制显示上位机传输的静态或动态图像信息,首先需要严格按照该格式生成数据头,其次需要将图像数据顺次从存储器中读出,逐行逐列写入有效数据位。

因为 BT.656 格式的数据流是奇偶场分开的,直接将数据按顺序写入数据流的有效数据位,图片会出现乱码,所以在坐标计数时,加入奇偶交织、分别计算、提高效率。设真实的图像横坐标为 cnt_v_R,而 BT.656 数据流中的行坐标为 cnt_v,在数据流行坐标分别在奇有效和偶有效范围内时有如下转换公式。

奇场有效数据位:

$$cnt\_v\_R = cnt\_v \times 2 - 43 \quad (22 \leqslant cnt\_v \leqslant 309) \tag{8.3}$$

偶场有效数据位:

$$cnt\_v\_R = cnt\_v \times 2 - 668 \quad (335 \leqslant cnt\_v \leqslant 622) \tag{8.4}$$

2. Camera-link 输出

Camera-link 标准是主要针对数字摄像机的数据传输接口提出的一个协议,目的是在利用较少的电缆线数的基础上,使数字摄像机的数据输入通用性更强,同时使视频信号传输距离也更远[5-6]。

Camera-link 协议中有三种模式,本系统选择其中最常用的 Base 模式输出。用 FVAL、

LVAL、DVAL 分别代表帧同步标志位、行同步标志位和图像数据有效信号标志位,其为逻辑"1",即高电平时表示有效。对于本系统来说,是在 FPGA 内部利用 Verilog 代码设计,利用生成的 BT.656 格式数据遵照 Camera-link 协议的规定转换而来,再向其中的有效位填充数据,相当于模拟了一个 Camera-link 相机。

通过像素时钟产生计数器,对 USB3.0 传输、并存储于 DPRAM 中的数据进行读数据操作,生成 FVAL、LVAL、DVAL 信号,与总像素数据一同输出。输出位数共计 28 比特,其中 24 比特为 8bit×3 的像素数据,其他三位为控制信号。FPGA 利用嵌入式逻辑分析仪 signaltap 工具得到的采集信号如图 8.20 所示。

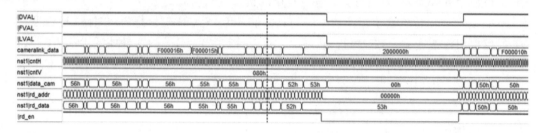

图 8.20 Camera-link 时序波形采集图

本章参考文献

[1] 白成林. 基于伪随机连续波信号的测距研究[D]. 太原:太原理工大学,2014.

[2] 王天阳. 五阶低噪声 ΣΔ 加速度计接口电路设计[D]. 哈尔滨:哈尔滨工业大学,2011.

[3] 谢秀峰. 基于 USB3.0 的数据采集系统设计[D]. 太原:中北大学,2015.

[4] 赵健博. 基于 FPGA 和 USB3.0 的高速 CMOS 图像数据采集系统设计[D]. 吉林:吉林大学,2015.

[5] 赵恩毅. 用于自适应光学系统的 Camera-link 接口相机设计研究[D]. 成都:中国科学院研究生院(光电技术研究所),2014.

[6] 杨健鸷. 基于 FPGA 的工业相机图像采集系统的设计与实现[D]. 成都:电子科技大学,2013.

第 9 章　融合图像噪声特性对比测试

利用 MATLAB 中的 GUI 工具具有使用方便，进行软件设计难度较低，得到的实验数据可汇总并绘制出更直观的曲线图的特点，对融合成像结果的噪声特性有更深层次的理解，有助于融合方法的改进。

9.1　图像指标计算软件设计

使用 MATLAB 的图像用户界面功能设计融合电路板噪声性能评价系统的上位机配套软件，该软件可以对融合前图像和融合后图像的多个指标进行计算和对比，这些指标包括峰值信噪比、信息熵、均值、方差等。

融合电路板噪声性能评价系统图形用户界面内有窗口、图标、文本、菜单等选项框，主要包含不同噪声叠加模式下，所需计算的几个评价指标、添加噪声种类等。软件的设计界面如图 9.1 所示。

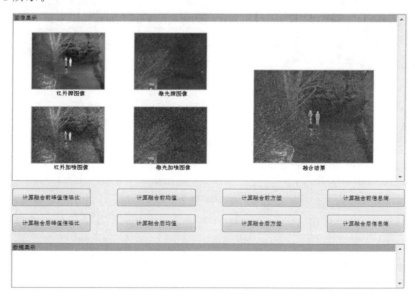

图 9.1　软件界面图

用于实验的源图像如图 9.2 所示，其中图(a)为红外图像，图(b)为微光图像。

(a) 红外图像　　　　　　　　　　　　(b) 微光图像

图 9.2　融合前红外与微光源图像

9.2 热噪声仿真结果

利用设计的 FPGA 系统，对红外和微光图像均叠加热噪声，其仿真图像如图 9.3 所示，其中图(a)为叠加热噪声的红外图像，图(b)为叠加热噪声的微光图像。

(a) 叠加热噪声的红外图像　　　　　　　(b) 叠加热噪声的微光图像

图 9.3　叠加热噪声的红外与微光源图像

9.2.1　单通道叠加噪声实验

只在红外图像中叠加热噪声后的几种融合结果如图 9.4 所示，其中图(a)为加权平均的融合图像结果，图(b)为 Laplace 金字塔融合图像结果，图(c)为对比度金字塔图像融合结果，图(d)为基于主成分分析(PCA)图像融合结果，图(e)为方向拉普拉斯金字塔(FSD)图像融合结果，图(f)为梯度金字塔图像融合结果。

只在微光图像中叠加热噪声后的几种融合结果如图 9.5 所示，其中图(a)为加权平均的图像融合结果，图(b)为 Laplace 金字塔图像融合结果，图(c)为对比度金字塔图像融合结果，图(d)为基于主成分分析(PCA)图像融合结果，图(e)为方向拉普拉斯金字塔(FSD)图像融合结果，图(f)为梯度金字塔图像融合结果。

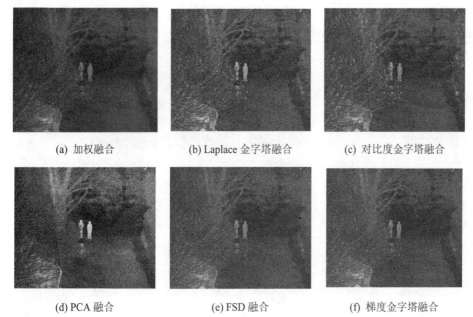

(a) 加权融合　　　　　(b) Laplace 金字塔融合　　　　(c) 对比度金字塔融合

(d) PCA 融合　　　　　(e) FSD 融合　　　　　(f) 梯度金字塔融合

图 9.4　红外图像叠加热噪声后的融合结果

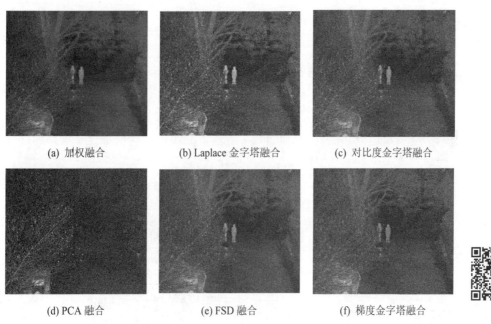

(a) 加权融合　　　　　(b) Laplace 金字塔融合　　　　(c) 对比度金字塔融合

(d) PCA 融合　　　　　(e) FSD 融合　　　　　(f) 梯度金字塔融合

图 9.5　微光图像叠加热噪声后融合结果

9.2.2　双通道叠加噪声实验

　　红外和微光图像均叠加热噪声后的几种融合结果如图 9.6 所示，其中图(a)为加权平均的图像融合结果，图(b)为 Laplace 金字塔图像融合结果，图(c)为对比度金字塔图像融合结果,图(d)为基于主成分分析(PCA)图像融合结果,图(e)为方向拉普拉斯金字塔(FSD)图像融合结果,图(f)为梯度金字塔图像融合结果。

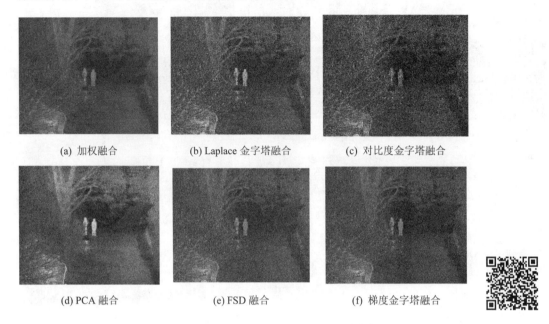

(a) 加权融合   (b) Laplace 金字塔融合   (c) 对比度金字塔融合

(d) PCA 融合   (e) FSD 融合   (f) 梯度金字塔融合

图 9.6　红外和微光图像均叠加热噪声后的融合结果

9.3 光子噪声仿真结果

只叠加光子噪声的红外与微光源图像如图 9.7 所示,其中图(a)为叠加光子噪声的红外图像,图(b)为叠加光子噪声的微光图像。

(a) 叠加光子噪声的红外图像   (b) 叠加光子噪声的微光图像

图 9.7　叠加光子噪声的红外与微光源图像

9.3.1　单通道叠加噪声实验

只在红外图像上叠加光子噪声后的几种融合结果如图 9.8 所示,其中图(a)为加权平均的图像融合结果,图(b)为 Laplace 金字塔图像融合结果,图(c)为对比度金字塔图像融合结果,图(d)为基于主成分分析(PCA)图像融合结果,图(e)为方向拉普拉斯金字塔(FSD)图像融合结果,图(f)为梯度金字塔图像融合结果。

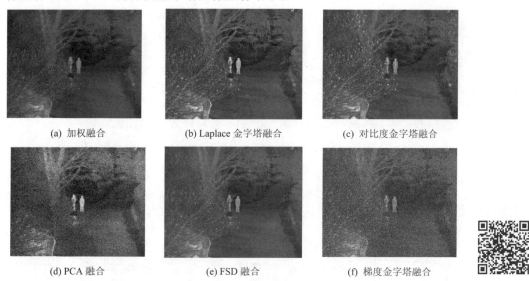

(a) 加权融合　　　　　　(b) Laplace 金字塔融合　　　　　(c) 对比度金字塔融合

(d) PCA 融合　　　　　　(e) FSD 融合　　　　　　(f) 梯度金字塔融合

图 9.8　红外图像叠加光子噪声后的融合结果

只在微光图像上叠加光子噪声后的几种融合结果如图 9.9 所示,其中图(a)为加权平均的图像融合结果,图(b)为 Laplace 金字塔图像融合结果,图(c)为对比度金字塔图像融合结果,图(d)为基于主成分分析(PCA)图像融合结果,图(e)为方向拉普拉斯金字塔(FSD)图像融合结果,图(f)为梯度金字塔图像融合结果。

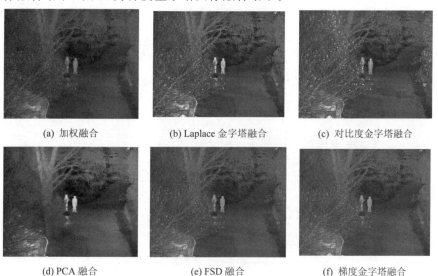

(a) 加权融合　　　　　　(b) Laplace 金字塔融合　　　　　(c) 对比度金字塔融合

(d) PCA 融合　　　　　　(e) FSD 融合　　　　　　(f) 梯度金字塔融合

图 9.9　微光图像叠加光子噪声后的融合结果

9.3.2 双通道叠加噪声实验

红外和微光图像均叠加光子噪声后的几种融合结果如图 9.10 所示,其中图(a)为加权平均的图像融合结果,图(b)为 Laplace 金字塔图像融合结果,图(c)为对比度金字塔图像融合结果,图(d)为基于主成分分析(PCA)图像融合结果,图(e)为方向拉普拉斯金字塔(FSD)图像融合结果,图(f)为梯度金字塔图像融合结果。

(a) 加权融合

(b) Laplace 金字塔融合

(c) 对比度金字塔融合

(d) PCA 融合

(e) FSD 融合

(f) 梯度金字塔融合

图 9.10 红外和微光图像均叠加光子噪声后的融合结果

9.4 非均匀性噪声仿真结果

对红外图像叠加非均匀性噪声,结果如图 9.11 所示。

图 9.11 叠加非均匀性噪声的红外图像

9.4.1　单通道叠加噪声实验

　　叠加非均匀性噪声的红外图像与微光图像融合结果如图 9.12 所示，其中图(a)为加权平均的图像融合结果，图(b)为 Laplace 金字塔图像融合结果，图(c)为对比度金字塔图像融合结果，图(d)为基于主成分分析(PCA)图像融合结果，图(e)为方向拉普拉斯金字塔(FSD)图像融合结果，图(f)为梯度金字塔图像融合结果。

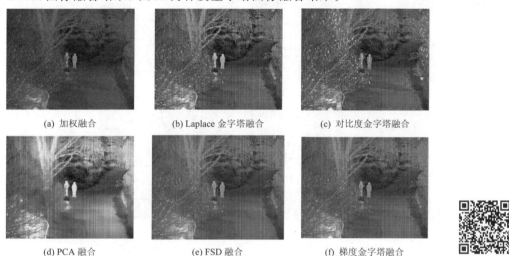

　(a) 加权融合　　　　　　(b) Laplace 金字塔融合　　　　　(c) 对比度金字塔融合

　(d) PCA 融合　　　　　　(e) FSD 融合　　　　　(f) 梯度金字塔融合

图 9.12　红外图像与微光图像叠加非均匀性噪声后的融合结果

9.4.2　双通道叠加噪声实验

　　叠加非均匀性噪声的红外图像和叠加热噪声的微光图像的几种融合结果如图 9.13 所示，其中图(a)为加权平均的图像融合结果，图(b)为 Laplace 金字塔图像融合结果，图(c)为对比度金字塔图像融合结果，图(d)为基于主成分分析(PCA)图像融合结果，图(e)为方向拉普拉斯金字塔(FSD)图像融合结果，图(f)为梯度金字塔图像融合结果。

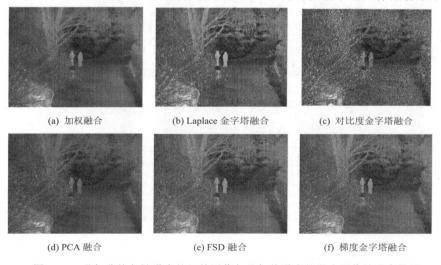

　(a) 加权融合　　　　　　(b) Laplace 金字塔融合　　　　　(c) 对比度金字塔融合

　(d) PCA 融合　　　　　　(e) FSD 融合　　　　　(f) 梯度金字塔融合

图 9.13　叠加非均匀性噪声的红外图像与叠加热噪声的微光图像的融合结果

叠加非均匀性噪声的红外图像和叠加光子噪声的微光图像的融合结果如图 9.14 所示，其中图(a)为加权平均的图像融合结果，图(b)为 Laplace 金字塔图像融合结果，图(c)为对比度金字塔图像融合结果，图(d)为基于主成分分析(PCA)图像融合结果，图(e)为方向拉普拉斯金字塔(FSD)图像融合结果，图(f)为梯度金字塔图像融合结果。

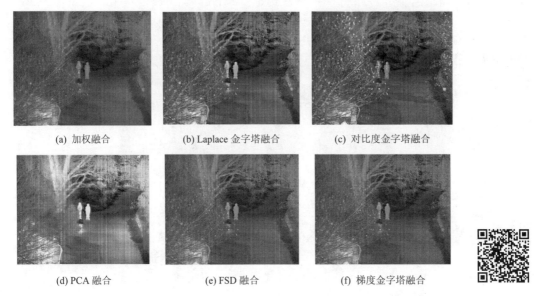

(a) 加权融合　　　　(b) Laplace 金字塔融合　　　　(c) 对比度金字塔融合

(d) PCA 融合　　　　(e) FSD 融合　　　　(f) 梯度金字塔融合

图 9.14　叠加非均匀性噪声的红外图像与叠加光子噪声的微光图像的融合结果

叠加非均匀性噪声的红外图像和叠加混合噪声的微光图像的融合结果如图 9.15 所示，其中图(a)为加权平均的图像融合结果，图(b)为 Laplace 金字塔图像融合结果，图(c)为对比度金字塔图像融合结果，图(d)为基于主成分分析(PCA)图像融合结果，图(e)为方向拉普拉斯金字塔(FSD)图像融合结果，图(f)为梯度金字塔图像融合结果。

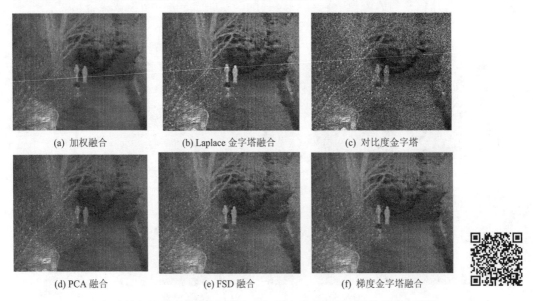

(a) 加权融合　　　　(b) Laplace 金字塔融合　　　　(c) 对比度金字塔

(d) PCA 融合　　　　(e) FSD 融合　　　　(f) 梯度金字塔融合

图 9.15　叠加非均匀性噪声的红外图像和叠加混和噪声的微光图像的融合结果

9.5　混合噪声仿真结果

叠加混合噪声的红外与微光源图像如图 9.16 所示,其中图(a)为叠加混合噪声的红外图像,图(b)为叠加混合噪声的微光图像。

(a) 叠加混合噪声的红外图像　　　　　　　　(b) 叠加混合噪声的微光图像

图 9.16　叠加混合噪声的红外与微光图像

9.5.1　单通道叠加噪声实验

叠加混合噪声的红外图像与微光图像的几种融合结果如图 9.17 所示,其中图(a)为加权平均的图像融合结果,图(b)为 Laplace 金字塔图像融合结果,图(c)为对比度金字塔图像融合结果,图(d)为基于主成分分析(PCA)图像融合结果,图(e)为方向拉普拉斯金字塔(FSD)图像融合结果,图(f)为梯度金字塔图像融合结果。

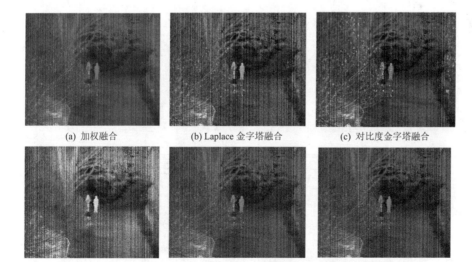

(a) 加权融合　　　　　　(b) Laplace 金字塔融合　　　　　(c) 对比度金字塔融合

(d) PCA 融合　　　　　　　(e) FSD 融合　　　　　　(f) 梯度金字塔融合

图 9.17　叠加混和噪声后的红外图像与微光图像融合结果

叠加混合噪声的微光图像与红外图像融合的几种融合结果如图9.18所示,其中图(a)为加权平均的图像融合结果,图(b)为Laplace金字塔图像融合结果,图(c)为对比度金字塔图像融合结果,图(d)为基于主成分分析(PCA)图像融合结果,图(e)为方向拉普拉斯金字塔(FSD)图像融合结果,图(f)为梯度金字塔图像融合结果。

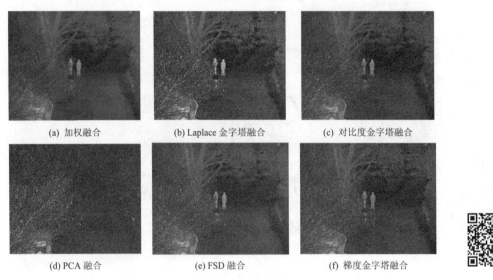

图9.18 叠加混和噪声的微光图像与红外图像的融合结果

9.5.2 双通道叠加噪声实验

均叠加混合噪声的红外和微光图像融合后的结果如图9.19所示,其中图(a)为加权平均的图像融合结果,图(b)为Laplace金字塔图像融合结果,图(c)为对比度金字塔图像融合结果,图(d)为基于主成分分析(PCA)图像融合结果,图(e)为方向拉普拉斯金字塔(FSD)图像融合结果,图(f)为梯度金字塔图像融合结果。

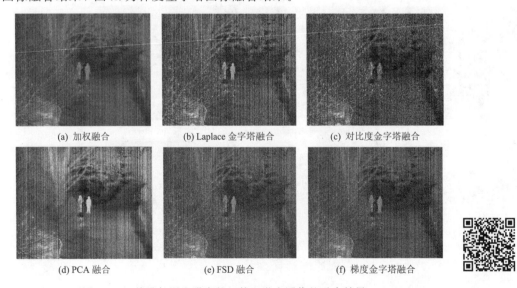

图9.19 均叠加混和噪声的红外和微光图像的融合结果

9.6　实验结果与分析

　　利用上述 GUI 界面计算峰值信噪比，通过修改各个噪声的参数，可以改变噪声的幅度，以噪声的幅度大小为横坐标，以峰值信噪比在融合前后的差值为纵坐标，将上述不同融合算法的噪声特性评价指标绘制成曲线图。

　　当只叠加热噪声时，实验结果如图 9.20～图 9.22 所示。

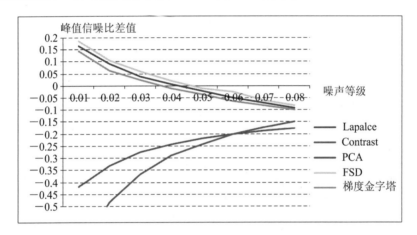

图 9.20　微光原图与红外加噪图像融合模式的噪声特性

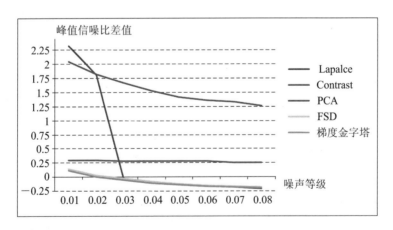

图 9.21　微光加噪图像与红外原图融合模式噪声特性

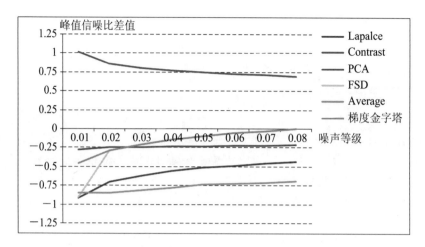

图 9.22　微光加噪图像与红外加噪图像融合模式噪声特性

当只叠加光子噪声时，实验结果如图 9.23～图 9.25 所示。

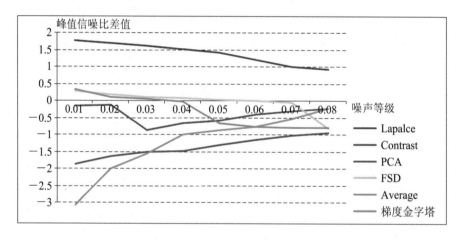

图 9.23　微光原图与红外加噪图像融合模式噪声特性

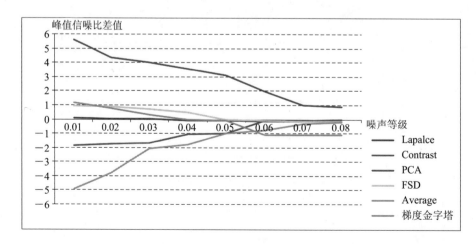

图 9.24　微光加噪图像与红外原图融合模式噪声特性

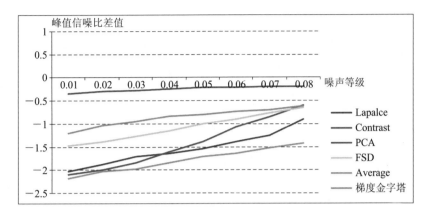

图 9.25　微光加噪图像与红外加噪图像融合模式噪声特性

当只叠加非均匀噪声时，实验结果如图 9.26～图 9.28 所示。

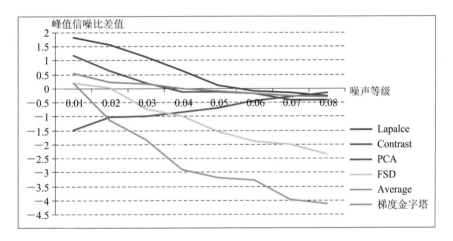

图 9.26　微光原图与红外加噪图像融合模式噪声特性

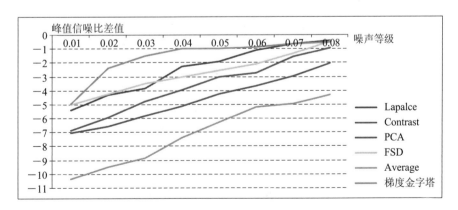

图 9.27　微光加噪图像与红外原图融合模式噪声特性

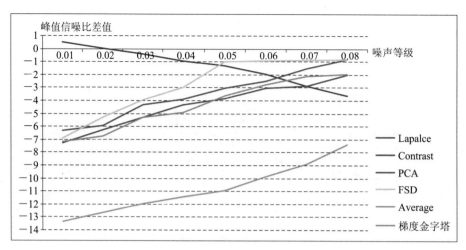

图 9.28　微光加噪图像与红外加噪图像融合模式噪声特性

当叠加混合噪声时,实验结果如图 9.29~图 9.31 所示。

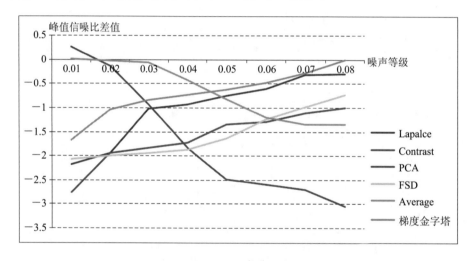

图 9.29　微光原图与红外加噪图像融合模式噪声特性

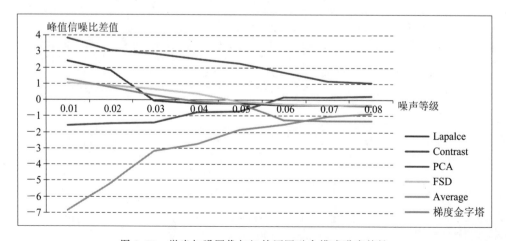

图 9.30　微光加噪图像与红外原图融合模式噪声特性

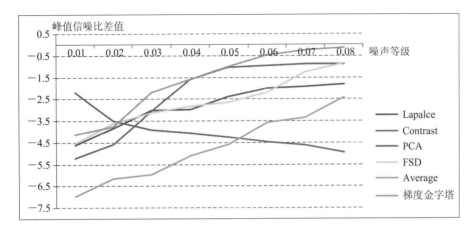

图 9.31　微光加噪图像与红外加噪图像融合模式噪声特性

根据上述实验数据，有如下结论和对改进融合算法的思考：

（1）仅对单波段图像加入各类噪声，在噪声等级较小时，图像经过拉普拉斯金字塔等几种典型融合算法处理后，大多有了较好的信噪比提升，但随着噪声幅度增大，融合算法对信噪比不再有优化能力，信噪比反而在融合后有所下降。得到的启发：在进行融合处理前，各个波段必须进行相应的去噪处理，将噪声降低到较小的数量级，此时噪声不会对融合成像结果有过多的影响，反而有一定程度的优化。

（2）叠加的噪声种类不同，融合后峰值信噪比的变化也有所不同，其中对噪声干扰优化效果较好的几种融合算法对微光图像中各类噪声信息的去除效果也更强。

（3）几种典型融合算法对峰值信噪比的优化程度不同，根据综合的实验结果，以拉普拉斯金字塔算法为最优，以加权均值融合法为最差。其他几类融合算法在不同的噪声种类和叠加模式中效果有优有劣。得到的启发：可深入探究几类融合算法的原理与特点并进行算法改进，集成几种算法的优势，得到成像效果好、细节丰富且噪声干扰小的改进型新算法。

（4）通过软件计算出的峰值信噪比评价结果与实际观察结果比较类似，说明峰值信噪比作为噪声特性的评价指标具有一定的客观性。

（5）不同的噪声种类对图像的干扰程度在融合前后变化幅度不同，光子噪声由于数量级较小，所以对图像有效信息获取干扰小，且融合前后峰值信噪比的变化幅度小，因此在精确度要求不高时，可以选择忽略光子噪声。

（6）通过肉眼可识别出，融合方法对图像的非均匀性有所改善，由于微光不存在红外特有的非均匀性噪声，因此两幅图案进行融合计算时非均匀性得到了中和。但从数据角度来看，峰值信噪比变化幅度很大，说明仅利用峰值信噪比来衡量非均匀性噪声是不够准确的，得到的启发：可引入新的评价指标，将非均匀性噪声与其他噪声区别开来，专门用于衡量红外图像非均匀性强度变化的问题。

（7）不论叠加何种噪声，当幅度很大时，融合前后峰值信噪比变化几乎趋近于零，即融合处理对图像的噪声干扰几乎不再有影响，因此后续研究中可仅围绕低幅度噪声进行。

（8）与单波段叠加噪声的模式相比，双波段叠加噪声几乎所有本实验选择的融合算法对源图像的噪声抑制能力都有所下降。得到的启发：大多数应用场景中图像融合两波段的源图像均含噪声,降噪处理必不可少。

本章参考文献

[1] 白成林.基于伪随机连续波信号的测距研究[D]. 太原:太原理工大学,2014.

[2] 王天阳.五阶低噪声 ΣΔ 加速度计接口电路设计[D]. 哈尔滨:哈尔滨工业大学,2011.

(a) 参考图像

(b) 方法一

(c) 方法二

(d) 方法三

(e) 目标分割与增强方法——绿色目标

(f) 目标分割与增强方法——蓝色目标

(g) 目标分割与增强方法——黄色目标

(h) 目标分割与增强方法——橘色目标

图 4.16　第一组图像彩色融合结果

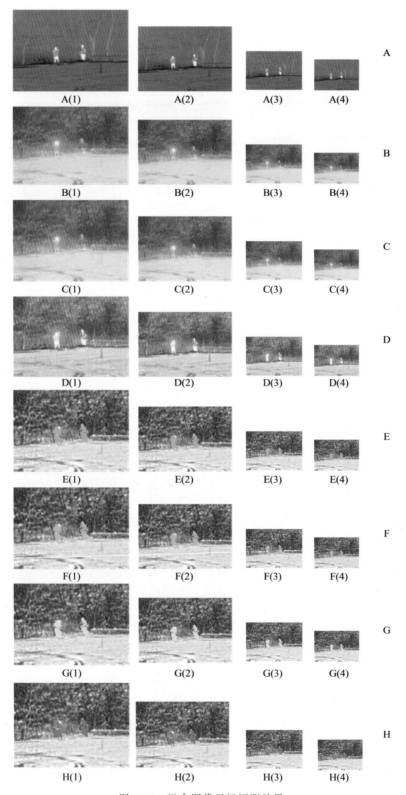

图 4.17　融合图像目标探测效果

(a) 参考图像   (b) 方法一

(c) 方法二   (d) 方法三

(e) 目标分割与增强方法——绿色目标   (f) 目标分割与增强方法——蓝色目标

(g) 目标分割与增强方法——黄色目标   (h) 目标分割与增强方法——橘色目标

图 4.19 第二组图像彩色融合结果

(a) 参考图像

(b) 方法一

(c) 方法二

(d) 方法三

(e) 目标分割与增强方法——绿色目标

(f) 目标分割与增强方法——蓝色目标

(g) 目标分割与增强方法——黄色目标

(h) 目标分割与增强方法——橘色目标

图 4.21　第三组图像彩色融合结果